产品设计与实训

Produt Design and Practice Training

主　编　李　禹

副主编　沈诗林　王　庆

编　著　高亚丽　崔春京　刘正阳　郑　铮　宋柏林

辽宁美术出版社

Liaoning Fine Arts Publishing House

序 >>

当我们把美术院校所进行的美术教育当作当代文化景观的一部分时，就不难发现，美术教育如果也能呈现或继续保持良性发展的话，则非要"约束"和"开放"并行不可。所谓约束，指的是从经典出发再造经典，而不是一味地兼收并蓄；开放，则意味着学习研究所必须具备的眼界和姿态。这看似矛盾的两面，其实一起推动着我们的美术教育向着良性和深入演化发展。这里，我们所说的美术教育其实有两个方面的含义：其一，技能的承袭和创造，这可以说是我国现有的教育体制和教学内容的主要部分；其二，则是建立在美学意义上对所谓艺术人生的把握和度量，在学习艺术的规律性技能的同时获得思维的解放，在思维解放的同时求得空前的创造力。由于众所周知的原因，我们的教育往往以前者为主，这并没有错，只是我们需要做的一方面是将技能性课程进行系统化、当代化的转换；另一方面，需要将艺术思维、设计理念等这些由"虚"而"实"体现艺术教育的精髓的东西，融入我们的日常教学和艺术体验之中。

在本套丛书出版以前，出于对美术教育和学生负责的考虑，我们做了一些调查，从中发现，那些内容简单、资料匮乏的图书与少量新颖但专业却难成系统的图书共同占据了学生的阅读视野。而且有意思的是，同一个教师在同一个专业所上的同一门课中，所选用的教材也是五花八门、良莠不齐，由于教师的教学意图难以通过书面教材得以彻底贯彻，因而直接影响教学质量。

在中国共产党第二十次全国代表大会上，习近平总书记在大会报告中指出："教育、科技、人才是全面建设社会主义现代化国家的基础性、战略性支撑……全面贯彻党的教育方针，落实立德树人根本任务，培养德智体美劳全面发展的社会主义建设者和接班人。坚持以人民为中心发展教育，加快建设高质量教育体系，发展素质教育，促进教育公平。"党的二十大更加突出了科教兴国在社会主义现代化建设全局中的重要地位，强调了"坚持教育优先发展"的发展战略。正是在国家对教育空前重视的背景下，在当前优质美术专业教材匮乏的情况下，我们以党的二十大对教育的新战略、新要求为指导，在坚持遵循中国传统基础教育与内涵和训练好扎实绘画（当然也包括设计、摄影）基本功的同时，借鉴国内外先进、科学并且灵活的教学方法、教学理念以及对专业学科深入而精微的研究态度，努力构建高质量美术教育体系，辽宁美术出版社会同全国各院校组织专家学者和富有教学经验的精英教师联合编撰出版了美术专业配套教材。教材是无度当中的"度"，也是各位专家多年艺术实践和教学经验所凝聚而成的"闪光点"，从这个"点"出发，相信受益者可以到达他们想要抵达的地方。规范性、专业性、前瞻性的教材能起到指路的作用，能使使用者不浪费精力，直取所需要的艺术核心。从这个意义上说，这套教材在国内还具有填补空白的意义。

目录 contents

第一章　概述

第一节 ///// 何谓设计

　　在当今的时代里，设计这个词在大众的心目中并不陌生，对多数人而言，设计几乎在每一个人的身边无处不在，大到一座城市整体规划设计、一架飞机的设计，小到一支笔、一只纽扣的设计，都概莫能外。在教学过程中很多学生也提出了究竟什么是设计的问题，他们也有很多不同的理解，比如"提高人的生活满意度"、"为社会创造经济效益"、"能给人带来美好"、"可以满足自己的成就感"等，都从某一角度表达出了自己对设计的理解（如图1-1、图1-2）。

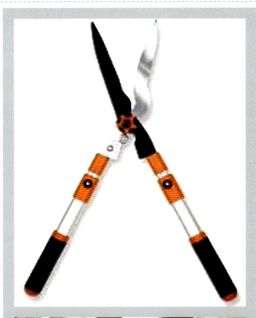

图1-2

图1-1

图1-3

设计虽然是西方词语Design在现代汉语中的反映，但是在我国古代的《考工记》里就有："设色之工、画、缋、锺、筐、荒。"这里的"设"字就有"制图、计划"的含义，而且从"设"这个字的组成来看，"言"表示说话，表达；"几"表示兵器、工具；"又"表示手，而"计"字的右边的"十"表示了东西南北的方位，与古代丈量土地的工具同形，可以说"设计"需要人通过工具表达来创造我们的美好生活，设计一词从古至今就和我们的生活息息相关（如图1-3）。

最近ICSID对设计的定义进行了修订，意在适应社会新的变化和需求，"设计是一种创造性活动，其目的是为了物品、过程、服务以及它们整个生命周期中构成的系统建立起多方面的品质。因此设计既是创新技术人性化的重要因素，也是经济文化交流的关键因素。"总体来说，设计的本质其实就是造物，来满足人类的需求。人类通过劳动改造世界，创造文明，创造物质财富和精神财富，而最基础、最主要的创造活动是造物。设计便是造物活动进行预先的计划，可以把任何造物活动的计划技术和计划过程理解为设计。而早在原始社会，人类便有了实用与审美两种需求，产生了很多优美的设计作品，在漫长的历史进程中，设计的概念也在不断改革，不断涌现出各种思潮，丰富设计的范围（如图1-4）。现在设计的种类也非常多：工业设计（Industrial Design）、环境设计（Environmental Design）、

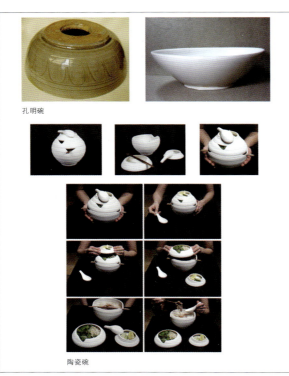

孔明碗

陶瓷碗

图1-4 碗作为人们日常必需的饮食器皿，它的一般用途是盛装食物，古人对碗的使用，多以满足实用功能为主，但也不乏有其特殊的含义，比如孔明碗的政治策略。随着时代的发展，碗的使用需要更多的宜人性、便利性设计考虑，碗看上去就像陶瓷一样，其实它是一整套的餐具，特别适合用来泡面或者煮面，而且特殊漂亮的外观给人一种贵族餐具的气息

的开发领域，已经提到了国际应用技术方面的重要高度，在国家的产业振兴和发展中扮演着特殊的地位和作用，许多国家都把它作为国家创新战略的重要组成部分。

图1-5 动画设计

建筑设计（Architecture Design）、视觉传达设计（Visual communication）、公共艺术设计（Public Art Design）、景观设计（Landscape Design）、服装设计（Fashion Design）、化妆设计（Cosmetics Design）、信息设计（Information Design）、网页设计（Web Design）、交互设计（Interaction Design）、动画设计（Animation Design）、人机界面设计（Interface Design）、通用设计（Universal design）等（如图1-5～图1-9）。

　　工业设计作为设计的一个方面，在我们的生活中起着越来越大的作用，所涉及的范围不仅仅是人们的衣食住行、生活、生产领域，而且涉及宇宙外太空

图1-6 通用设计

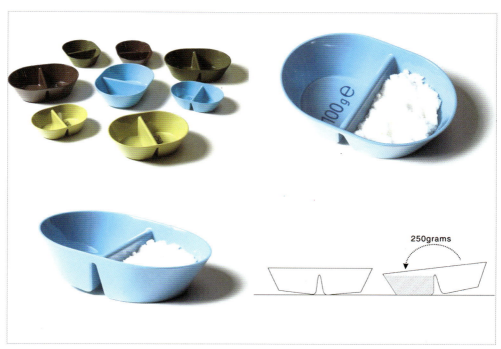

图1-7　厨房使用器具设计

图1-8　环境设计

图1-9　交互设计

国际工业设计协会理事会ICSID2006年关于工业设计的定义如下：

目的：

设计是一种创造的活动，其目的是为物品、过程、服务以及它们在整个生命周期中构成的系统建立起多方面的品质。因此，设计既是创新技术人性化的重要因素，也是经济文化交流的关键因素。

任务：

设计致力于发展和评估与下列项目在结构、组织、功能、表现和经济上的关系：

（1）增强全球可持续发展和环境保护（全球道德规范）。

（2）给全人类社会、个人和集体带来利益和自由。

（3）兼顾最终用户、制造者和市场经营者的利益（社会道德规范）。

（4）在世界全球化的背景下支持文化的多样性（文化道德规范）。

（5）赋予产品、服务和系统以表现性的形式（语义学）并与它们的内涵相协调（美学）。

设计关注工业化——而不只是由生产时用的几种工艺——所衍生的工具、组织和逻辑创造出来的产品、服务和系统。限定设计的形容词"工业设计"必然与工业一词有关，也与它在生产部门所具有的含义，或者其古老的含义"勤奋工作"相关。也就是说，设计是一种包含了广泛专业的活动，产品、服务、平面、室内、建筑都在其中。这些活动都应该和其他专业协调配合，进一步提高生命的价值（如图1-10）。

工业设计包含了很大的系统性：产品设计、企业形象设计、环境设计、设计管理。其中产品设计是工业设计的核心，是企业运用设计的关键环节，它实现了将原料的形态改变为更有价值的形态的转化。

图1-10

第二节 ///// 何谓产品

我们每天的衣食住行所用的几乎包括了形形色色种类繁多的物品，而这些我们使用的物品都要从生产企业出来，经过流通最终为我们的生活服务。这些产品可以说，是由一定物质材料以一定结构形式结合而成的、具有相应功能的客观实体，是人造物。

我们看产品—商品—用品—废品的整个循环系统中，涉及了企业、商家和消费者，因此对于产品的设计而言，设计贯穿在全过程里。工业设计的主体是产品设计，它的核心就是以人为本，为人类服务，满足人们在生活和工作中的真实需求。作为产品设计师必须认真看待这些需求的合理性，以及这些需求是否通过一些系统和产品的运作而得以实现。好的产品不仅要对使用者具有良好的亲和力，还要能使企业获得丰厚的利润，同时更要考虑到社会以至人类未来发展的生存问题。产品既是企业的产品，能够为企业带来经济效益；市场中的商品，在流通和销售过程中占有一席之地，不被市场所淘汰；又是使用者的用品，满足使用者的功能需求、心理需求和情感需求，因此，设

计要努力达到顾客需求和企业效益的完美统一。

作为产品的设计者就要有经济、人文、社会三位一体的设计观念，致力于人类生命环境的改善与发展，使产品满足人们动态的物质生活需要及精神生活需要。

第三节 ////// 设计的变革

设计的发展演变是始于人类最早制造的石器，但是，就现代工业设计尤其是产品设计作为工业设计的主要方面，是随着工业革命的发展而发展的。今天，产品设计不仅仅是科学与艺术的结合、提供人与物的良好沟通的渠道和媒介，更是我们每个人自我的表达，与自然、社会相互交流的表现。回望历史，我们能够从中获得很多启示（如图1-11）。

工业革命所带来的批量生产与批量消费，这样开始冲击着人们日常生活。起源于英国19世纪下半叶作为影响深远的设计运动——"工艺美术"运动，开启了设计的现代设计的改革。具体说是从1851年在伦敦水晶宫举行的世纪博览会开始的，作为"工艺美术"运动的理论指导约翰·拉斯金和运动的主要人物威廉·莫里斯掀起了这场设计运动，是针对装饰艺术、家具、室内产品、建筑等，因为当时工业革命的批量生产带来设计水平下降而进行的设计运动，同时大规模生产和工业化正在崛起，而"工艺美术"运动却意在抵抗这一无法改变的发展趋势而重拾手工艺价值的憧憬。拉斯金为建筑和产品设计提出了多项准则，这成了后来工艺美术运动的重要理论基础：①师承自然，从大自然中汲取营养，而不是盲目地抄袭旧有的样式；②使用传统的自然材料，反对使用钢铁、玻璃等工业材料；③忠实于材料本身的特点，反映材料的真实质感。而威廉·莫里斯是在设计实践中第一个实现了拉斯金设计思想的设计者，从住宅建筑"红房子"到莫里斯设计事务所设计包括金属工艺品、家具、色彩玻璃镶嵌、挂毯、室内装饰品等（如图1-12~图1-15）。

图1-11 折叠椅的角色创造：一种基本坐椅的主要目标就是能提供短暂的休息，可以容易地折叠和收藏。许多世纪以来，折叠椅一直被认为是最重要的家具之一，是社会地位的象征。在古代的文明中，折叠椅不只是为了供人就座，还用在了各种正式场合和仪式中

图1-12　1851年伦敦世界博览会的水晶宫博物馆

图1-13　威廉·莫里斯设计的部分作品，分别为"红房子"、字体设计、室内装饰品

图1-14　威廉·莫里斯设计的部分作品，分别为"红房子"、字体设计、室内装饰品

图1-15　威廉·莫里斯设计的部分作品，分别为"红房子"、字体设计、室内装饰品

　　如果说"工艺美术"运动开启了现代设计的开端，那么"新艺术"运动可以说是对现代设计影响深远的一次运动，它是19世纪末到20世纪初以法国为中心发展起来的。"新艺术"运动意在放弃任何一种传统装饰风格，完全走向自然风格，强调自然中不存在直线，没有完全的平面，在装饰上突出曲线、有机形态，直到1910年左右，逐步被现代主义运动和装饰艺术运动所取代。其中众多设计师给我们留下了很多优秀的设计理论和设计作品，涉及建筑、家具、产品、首饰、服装、平面设计、陶瓷、雕塑和绘画艺术，涌现出了很多设计师如赫克托·吉马德、艾米尔·盖勒、亨利·凡德·威尔德、维克多·霍塔、安东尼·高蒂、察尔斯·马金托什、约瑟夫·霍夫曼以及彼得·贝伦斯等。"新艺术"运动承接了"工艺美术"运动的艺术与技术相结合的设计实践，并且将其设计理论在欧洲各国广泛传播，但是它的缺陷还是不能承认

工业革命，对手工艺的推崇，对机械化的反对，强调装饰主义等。

　　值得一提的有亨利·凡德·威尔德，1906年在德国魏玛建立了一所工艺美术学校成为德国现代设计教育的初期中心，而后又成为著名的包豪斯设计学院；被誉为德国现代设计之父的彼得·贝伦斯，1907年被德国通用电气公司ＡＥＧ聘请担任建筑师和设计协调人，从事产品设计相关的职业生涯，这是世界上第一家公司、第一次聘用一位艺术家来管理整个企业产品，更为重要的是他影响和教育了一批新人，这一批设计人成为现代含义的工业设计之父，是第一代成熟的工业设计师与现代建筑设计师：沃尔特·格罗皮乌斯、密斯·凡·德·罗和勒·柯布西埃等（如图1−16～图1−22）。

图1−17　察尔斯·马金托什　高背椅　英国 1903

图1−16　赫克托·吉马德　巴黎地铁出入口装饰 1898

图1−18　安东尼·高蒂　米拉公寓 1905

1909年 电水壶　　　　1908年 电风扇

1900—1901年 自扶手椅　　　1909年 点钟

图1-19 彼得·贝伦斯 部分作品

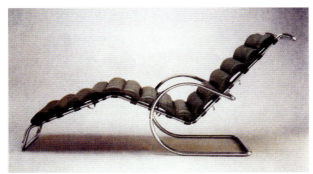

图1-20 密斯·凡·德·罗 不锈钢扶手躺椅 1931

图1-21 汉宁森　吊灯设计
1958

图1-22 马谢·布鲁耶 成组的桌子1925—1930

　　到了20世纪初随着工业技术的发展，新的设备、机械、工具被不断发明出来，极大地促进了生产力的发展，对社会结构和人们的生活也带来了很大的冲击，使很多产品在使用功能、外形还是安全、方便上都存在很多问题，设计迫切需要新的设计方法来解决出现的新问题。这样在1907年一批设计师从"青年风格"运动中分离出来组成德国工业同盟，集合了不同领域的设计师、企业家、政治家、教育家以及商人等，使手工业、工业、商业和艺术等各界的合作，其理论和设计实践为日后的工业设计的发展奠定了扎实的基础，影响遍及欧洲各地，德国工业同盟和之后的包豪斯标志了现代主义设计运动的开始。现代主义设计包含的范围更是极为广泛，几乎包括了所有的意识形态的范畴，从哲学、心理学、艺术学、美学、文学、诗歌、音乐、舞蹈等每个领域里。

　　世界上第一所完全为发展设计教育而建立的学校就是1919年在德国魏玛成立的包豪斯，虽然存在只是从1919年到1933年，但是它对现代设计影响深远，奠定了现代设计教育的结构框架。在20世纪初期的现代设计革新运动在科学技术革命的推动下展开了，所设计的简洁、质朴、实用、方便的全新产品，确立了现代主义设计的形式与风格，标志着产品设计进入现代工业化设计的时代。西方发达国家理解到了设计对国民经济发展的作用，使设计提到了与工业发展并重的高度。到了50年代现代设计不仅使日本经济得到发展，而且其产品打入国际市场，设计在日本的发展成为经济界的神奇。到了60年代以后设计则走向了多元化，形形色色的设计风格和流派此起彼伏，令人目不暇接，以消费者为服务对象，产品设计满足各种市场和消费的需求实施其多元的战略。到了70年代以来，新的技术革命和信息的崛起和发展，使设计深入到我们现代省会的各个领域。

对于70年代以后出现的各种设计探索可以归为"后现代"的设计运动，在产品设计上，努力从形式上希望达到突破，创造新的产品形式。设计上的流派大致分成几个类别，即"高科技"风格、"改良高科技"风格、意大利的阿基米亚和孟菲斯集团、后现代主义风格、减少主义风格、建筑风格、微建筑风格、微电子风格、绿色设计等，以及非常个人化的探索，直到至今（如图1-23～图1-28）。

图1-24 菲利普·斯塔克 柠檬榨汁机 法国 1990

图1-23 里特维尔德 红蓝椅 荷兰 1918

图1-25 马尔切罗·尼佐利，朱塞佩·贝乔 便携式打字机 1950

图1-26 埃托雷·索特萨斯 Carlton 书架 1981

图1-27 Alessi设计

上述设计发展历程的简单陈述表明，我们的社会在发展，科学技术在不断取得新的突破，这些都改变着我们的现在和将来，而对于产品设计而言，更会提出不断的需求。技术的创新、市场的变化、生活方式的改变、消费的变化等各种因素的影响，都会成为产品设计的发展因素。

图1-28 2007标致汽车设计大赛作品

第四节 ///// 未来设计的发展趋势

在科学技术日益进步的今天，产品的设计、制造、加工工艺也日新月异地发展和提高。产品设计的发展趋势大致有下列几个方面：

一、CAID的发展

CAID(计算机辅助工业设计) 是指以计算机硬件、软件、信息存储、通讯协议、周边设备和互联网等为技术手段，以信息科学为理论基础，包括信息离散化表述、扫描、处理、存储、传递、传感、物化、支持、集成和联网等领域的科学技术集合。它是以工业设计知识为主体，以计算机和网络等信息技术为辅助工具，来实现产品形态、色彩、宜人性设计和美学原则的量化描述，从而设计出更加实用、经济、美观、适宜和创新的新产品，来满足不同层次人们的需求。

产品设计的重点在于"人性化"设计，随着科学技术的高速发展，人们生活水平的普遍提高，特别是信息时代的到来，人们对产品的需求更趋向于多品种、小批量、趣味化和个性化。然而传统的设计模式需要较长的周期，这样就不能满足瞬息万变的市场需求，因此基于计算机和网络技术的CAID能够在产品开发设计上表现出了出色的优越性和便利性，使产品创新能在限定的时间内准确、有效地得以实现。常用产品设计软件有：3DMAX、Pro/Engineer、Rhino等，辅助产品设计将会使人们对设计过程有更深的认识，使设计方法、设计过程、设计质量和设计效率等各方面都发生质的变化（如图1—29）。

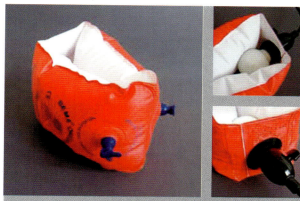

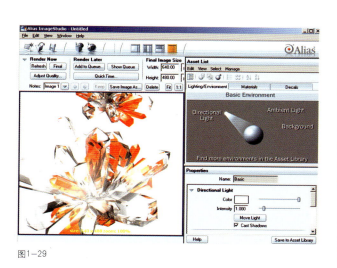

图1—29

图1—30　废物重新再利用设计

二、产品的绿色环保设计

在20世纪60年代末，美国设计理论家维克多·巴巴纳克出版了一部著作《为真实世界而设计》，从而引起了很大的争议，该书专注于设计师面临的人类需求的最紧迫的问题，强调设计师的社会及伦理价值。到了80年代出现的一股国际性的设计思潮，由于全球性的生态失衡，人类生存问题引起了世界范围的重视，开始意识到发展和保护环境、设计与保护环境的重要性（如图1—30、图1—31）。

就产品设计而言，着眼于人与自然的生态平衡关系，在设计过程的每一个决策中都充分考虑到环境效益，尽量减少对环境的破坏。包括产品设计的材料选择与管理，尽量减少物质和能源的消耗、有害物质的排放，而且要使产品及零部件能够方便地分类回收并再生循环或重新利用。要求产品设计师要以一种更为负责的观念和工作方式去创造设计产品，用更简洁、长久的形式使产品尽可能地延长其使用寿命。

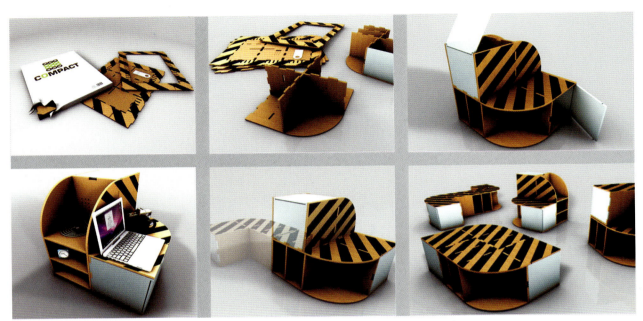

图1-31　由硬纸板和可回收聚丙烯制成的家具，产品出厂时只是5块硬板，对运输和储存而言都是相当方便的，可以快速地将它们组装起来，如同宜家可自行组装的家具一样

三、产品的系列化设计

通常人们常把相互关联的成组、成套的产品称为系列产品。如果追溯系列化设计的源头，在20世纪30年代通用汽车公司建立全新的汽车设计模式——有计划的废止制度，就是通过改变产品设计式样或是产品的外在形象使消费者心理对产品产生老化的过程，它目的就是促使消费者为追求新的式样潮流，而改换新式样产品的市场的一种促销方式，可以说是我们现在所说的产品系列化设计的先驱。

在现阶段，我们的生活每天都发生很大的进步，随着经济的发展，消费者对自己的消费行为变得更有选择性，市场需求加速向个性化、多样化的方向发展。人们对产品的质和量都有着越来越高的要求，体现在对产品功能、形态、色彩、规格等综合需求质量的提高上。从系列产品设计的功能方面有3个形式：品牌性，就是说一个品牌里包含了很多种不同的产品，

比如我国的海尔集团生产的产品涵盖了居室家电、厨房家电、影音产品、IT产品、通讯、商用电器、医疗器械等；系列产品成套化，由多个独立的产品组成一个整体的产品整体；如宜家通过不同家居环境，将不同生活用品在满足一种设计风格的情况下使一个家庭使用空间整体化，又不失单一产品的独立使用作用；产品单元系列化，每个单元之间相互联系、依存的关系存在，比如母子电话机等（如图1-32、图1-33）。

四、产品的智能化设计

我们在回顾过去人类几千年的发展的时候会发现，人类社会的进步很大程度上依赖于基础设施的建设，生活用品的使用需求等都是社会发展不可缺少的基础。但是随着科技的进步，计算机的出现和逐步普及，把信息对整个社会的影响逐步提高到一种绝对重要的地位。信息量、信息传播的速度、信息处理

图1-32

图1-33

房间的周界进行记忆、扫描和吸尘，遇到障碍物时，会实时计算新的路线，直至整个房间清洁干净为止。当电池快要用完时，会自动返回充电座；使用者可以随时控制产品。这种观念超越了我们现有的空间的限制，人可以随时随地控制产品；西门子公司已经研制成能与因特网连接的家用电器，如冰箱、电炉、洗碗机、洗衣机以及洁具，洗碗机可以根据清洗的数量，让厂家提供最佳的清洗程序，洗衣机可以同电炉和洗碗机相互联络，谁最紧迫，谁就先用电等。人和产品相互交流，形成互动。这种互动是积极的交流，一方面产品接受人的指令，做出相应的指令预达效果；另一方面产品可以测试出人的变化并加以显示，主动和人沟通（如图1-34、图1-35）。

的速度以及应用信息的程度等都以几何级数的方式在增长，因此我们在不知不觉中已经进入了信息时代。以往对产品要求具有安全性、可靠性、经济性、便捷性、舒适性和协调性等特征的需求以外，信息时代的产品还要有：能够"思考"的能力，自行执行任务。比如伊莱克斯集团生产的智能吸尘机三叶虫，可以在家具空间中自由穿梭打扫卫生，它使用超声波进行自动探测需要清洁的目标，如同蝙蝠夜行的方式，沿着

图1-34 产品的智能化设计——伊莱克斯智能吸尘器三叶虫

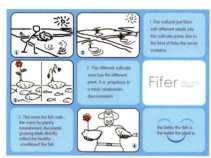

图1-35 这款喂鱼机器人可以通过底部的推进器在水上行驶，当行驶到特定区域后，它就会发出声波来吸引鱼群，然后根据不同的温度和鱼群密度来释放适量的鱼食，而当喂食结束后，机器人就会返回原位，等待新的鱼食放入。这款机器人还引入了一个非常有趣的概念，它的水上部分可以当做花瓶来使用

产品设计作为工业设计的主要设计方面，几乎包括了工业设计所有的知识点的掌握和学习，作为一名学习本专业的学生而言，掌握专业知识和与专业相关领域的知识同样重要，归纳以下几个方面以供参考：

（1）本专业的理论知识，产品的功能、形态、材料、色彩、加工工艺、人因、环境等系统掌握；

（2）本专业的手绘表达——设计草图、计算机辅助设计表达——二维图像处理、三维模型制作、模型渲染等能力，有较好的制作模型表达能力的掌握；

（3）通过学习能够善于独立思考同时掌握与人交流的技巧，具备写作设计报告的能力；

（4）通过学习有较好的艺术感、敏锐的感受力与创造力；

（5）通过学习能够善于摄取社会、经济、文化、科技等相关知识（如图1-36、图1-37）。

study sketches for the exterior design

图1-36 2007年标致汽车设计大赛作品

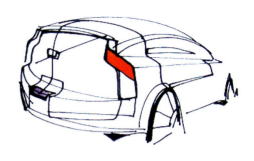

图1—37

[实训练习]
◎ 跟你的同学进行交流，了解他们对产品设计的理解和看法，为什么会有不同？哪些观点更合理？
◎ 试挑出一种市场已经销售的产品，分析其成功之处与其发展趋势。

[复习参考题]
◎ 作为一个产品设计师，在设计团队中的每个人所必须掌握的技能和专业知识有哪些？
◎ 到相关的公司进行了解，学习的产品设计与企业设计组织之间有什么不同之处？

第二章　走进产品——产品设计要素解析

2190年前，在古希腊西西里岛的叙拉古国，阿基米得说，"给我一个支点，我就能撬起地球。"数千年后，一个叫牛顿的人说："如果说我比别人看得更远些，那是因为我站在了巨人的肩膀上。"能够撬起地球的支点是找不到的，阿基米得最终也没能撬起地球；而牛顿，善于吸收先人的成果加以现代的转化。正是牛顿的基点——站到巨人的肩膀上作研究，使他在科学上获得杰出成就。

俗话说："巧妇难为无米之炊"，其实何止"米"，无"柴"、无"具"都是不行的，那么联系到产品设计中来，如果设计师是"巧妇"，那么所谓"米"等就是多样的设计要素了。一项真正的"good design"一定是淋漓尽致发挥了各种产品要素，提炼了当时的文化、技术等的精华而成的。

产品设计是物品实体的创造，宜人的色彩和造型形态，先进的工艺，环保的材质，产品表现出新颖功能、材料、工艺、人本性、新型流行趋势的设计观念等，对于这些产品设计要素的熟练掌握和合理运用，是着手产品设计的基点。今天让我们站在巨人的肩膀上作设计，创作出符合时代需求的作品。

第一节 //// 功能要素

功能是产品设计、开发、生产、销售中最有效用并被接受的能力，产品的价值正是在于具备了特定的功能。在我们现实生活中，凳子可以坐，椅子可以靠，沙发可以躺，它们各尽其职扮演着各自的角色，提供给人们不同的功能特征。产品实质上是功能的载体，产品设计的最终目的主要是怎么更好地满足人们用的需要。

一、产品之功用

随着社会经济的不断发展，人们对产品功能的需要也不断地由低级向高级发展，由单一向多元化发展。在设计时，对产品功能的分析也越来越细化。

1.产品的使用功能和审美功能

使用功能是指产品所具有的特定用途，体现产品的使用目的。包括与技术、经济用途直接有关的功能。审美功能主要指影响使用者心理感受和主观意识的功能，审美功能对产品的作用已越来越明显。人们对使用产品时的感性需求越来越重视。如衣服，不仅要求蔽体保暖、舒适合体，更要求色彩、款式的精美；食，不仅要求充饥、味美、保证营养，还要求色佳形美等（如图2-1～图2-3）。著名心理学家马斯洛发现，从最严格的生物学意义上来说，人需要美正如人的饮食需要钙一样，美有助于人变得更健康。"不要在家里放一件你认为有用，但并不美的东西。"这是莫里斯的一句名言。产品设计要注重使用功能的同时更要注意产品美的传达，在产品设计中产品的功用性与美的艺术形态同等重要。

图2-1 1998年苹果电脑公司的iMac炫彩系列电脑改变了先前以无色系色调为主的功能主义设计，成为历史上销售最快，最为成功的个人电脑，成功演绎了高科技产品渗透情感因素的完美风暴，这种与消费者亲近的审美风格影响到以后的产品设计趋势，并引得后人不断步其后尘

图2-2 1998年苹果电脑公司的iMac炫彩系列电脑改变了先前以无色系色调为主的功能主义设计，成为历史上销售最快，最为成功的个人电脑，成功演绎了高科技产品渗透情感因素的完美风暴，这种与消费者亲近的审美风格影响到以后的产品设计趋势，并引得后人不断步其后尘

图2-4　新艺术运动时期的家具设计　图2-5　新艺术运动时期的家具设计

图2-3　iMac 重新诠释了美观与动力，确立了新标准。其一体机设计凝聚了完善的尖端性能，凭借其阳极氧化铝框架，光滑的外表，iMac 让观者为之倾倒。亮丽的宽屏显示器以其丰富的色彩让照片与电影栩栩如生。另外，iMac 机身采用了可回收的玻璃和铝，更加环保。使用功能和审美功能完美结合

图2-6　新艺术运动时期的家具设计

在现代设计运动中，法国南锡的新艺术运动主将埃米尔·盖勒在《根据自然设计家具》一文中指出，自然应是设计师的灵感之源，而不论什么样的装饰和雕琢，都应当以产品的功能为出发点。道出了现代产品设计的精要所在，强调使用功能与审美功能的完美融合。如新艺术风格的家具，从自然的草木中抽象出来的流动的形态和蜿蜒交织的线条，充满了内在活力，传达出运动的节奏和组织的成长，体现了隐含于生命表面形式之下无休无止的创造过程。使用功能和审美功能的完美结合赋予现代家具无上的生命之美（如图2-4~图2-6）。

2.产品的主要功能和附属功能

产品的主要功能是产品存在的基础，指与设计生产产品的主要目的直接相关的功能，这是产品存在的理由，对于使用者来说，产品如果没有必要的、基本的功能，产品就失去了存在的意义。附属功能指用来辅助主要功能实现目的而附加的其他功能。如图2-7，GlowCap，大小与普通塑料药瓶相当，但是瓶盖中却大有玄机，里面安装有计时和提醒装置，它的表现比私人秘书还要尽责，通过闪烁橘黄光或语音来提醒该吃药的时间。药瓶的基本功能是装药，闪烁光和语音提示功能是为完成主要功能而设计的，从使用过程中

发现的问题和实际需求出发，这样的设计很人性化，尤其适合长期依赖药物的老人使用。再如日本松下电器工业株式会社1997年生产制造的老年坐式淋浴器，淋浴器的主要功能是淋浴洗澡，辅助实现洗澡的附属功能是提供舒适的坐式，以及实现特殊群体在使用产品中的安全性功能。洗浴对于老年人来说很不方便，此坐式淋浴器体积不大，即使在非常狭小的浴室内，也能安装这种设备。为了洗浴时全身各处都能得到水的冲洗，有六个喷头安装在座位两侧的臂架上，将水喷向人的前身，有四个喷头安装在座位靠背上，将水喷向人的背后。同时，每一个喷头的方向还可以自我调节。座位的高度也可以调节，使不同身高者都坐得舒适。另外还备有监视器可以由家属随时观察洗浴者是否安全。功能上设计上充分考虑了老年人和部分特殊人的需要。主要功能和附属功能搭配合理，较为人性化，这样在功能上就已经较合理了。

3.产品中存在的不足功能、过剩功能和适度功能现象

功能不足指必要（主要）功能没有达到预期目标。造成功能不足的原因有很多，如可能因材料运用不合理而造成的承重不够、强度不够、耐用性不够等，或因结构、尺度不合理而不能达到预期的目标等。过剩功能是指超出使用需求的功能，过剩功能可分为功能内容过剩和功能水平过剩。这里，内容过剩指附属功能多余或使用率不高而成为不必要的功能，我们生活中有时会听到

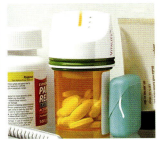

图2-7

有些人发出这样的感慨，产品用坏了准备要更换时，却发现其中有些功能就从来没用过！对于某些使用群体来说，这些附属功能是没必要的。功能水平过剩指为实现必要功能的目的，在安全性、可靠性、耐用性等方面采用了过高的指标，这样会在很大程度上提高生产的成本，甚至造成不必要的浪费。设计总是特定使用群体、使用环境下的行为，进行功能分析，会让我们的设计针对性更强，可行性更大些。

二、产品功能设计的实现

1.功能设计和谐性原则

实现功能目标的设计过程就是功能设计。在设计上要至少面临两个方面的问题：一是结构原理；二是构成形式即所谓的内在功能与外在形式的问题。这分别由不同领域的设计师承担工作，无论是内在结构还是外在形式，同属功能载体，是统一的整体，不可割裂对待。工业设计师除了具备合作意识，还应有交流、沟通的手段和技能。具备二维、三维形象表达能力，善于用图形、图表等多种视觉形式传送信息。

2.功能设置合理性原则

所谓的合理性指按使用需求分清必要功能和不必要功能，主要功能突出，合理搭配附属功能。多功能可给人带来许多方便，并使产品的物质功能完善从而满足更多的需要。但是功能设置要坚持合理、适度的原则。过宽的适用范围不仅设计、制造困难，而且会增加产品成本，此外，也将带来清理、维护上的不便。

在整体卫浴的设计中，经常听到行业人士笑谈"马桶可以养鱼"、"浴缸可以打电话"、"淋浴室可以按摩"等新鲜概念，卫浴产品表现的多功能化，一次次成为人们的饭后谈资。据调查，目前与企业热衷产品多功能化不太匹配的是，各大产品终端销售并不理想。一件产品的附属功能是可以无限增加的，当

增多到一定程度时，不但会增加成本，还会起到其他的负面作用，合理设置功能结构是产品功能设计成败的关键。多功能卫浴产品看的人多，买的人少。销售不理想的原因主要有以下三点：一是国内家庭的浴室空间小，多功能化产品体积偏大，部分产品只能销售给有限的高端客户群，而其他人群则几乎无人问津。二是现在大众家庭对于消费高价位的奢侈品，在消费能力、心理上都有待提升。三是产品功能多样化，同样引起消费者对于质量、耗能、安全性方面的疑虑，影响了消费者的购买欲望。在功能设置合理而又不增加多少成本的条件下，也有些不错的产品设计。如丹麦家具中的衣架椅设计及多功能刀具，具有高性能和便捷特点的笔记本电脑，多种复合功能和方便折叠的家居用品等（如图2-8～图2-11）。

图2-8 吊椅，折叠起来的时候，可以当成衣架来使用；家里人多的时候，也可以转换为椅子使用；椅子不用时，还可以像挂钩一样将椅子直接挂在墙上，节省空间

图2-9 多功能茶几设计

图2-10 衣架椅，Hans—Wegner设计

3.适度彰显新功能为出发点进行产品设计

实用功能的先进性能提供新的功能或高的性能，是产品能动地反映新时代、新需求的体现。从聚合中引发新型功能创意，聚合同类产品或不同类产品的优异功能。如具有播放音乐、观看影片、阅读电子书等功能的IPOD Video就是一个极好的例子（如图2-12、图2-13）。

图2-12

图2-11 衣架椅，Hans-Wegner设计

图2-13

三、产品功能设计的实例解读

在产品设计课程进行中，引导学生从发现生活中存在的问题入手，开拓思路，为解决一个问题积极发掘新功能、创造新产品，让设计在生活中走得更深更远些。比如有同学发现他妈妈切菜的时候，经常要用手不断地把沾在刀上的菜往下抹，挺麻烦的，有什么好办法能让切菜的时候菜不沾刀吗？他就萌生了设计一把切菜时不沾菜的刀的想法。从实际需求的功能出发来进行产品设计，是产品设计的一个有效切入点。也有很多时候想法都是很好的，可就目前课堂上的条件来说，较难实现预期的功能达到预定目标，只好暂时保留原来的想法，重新构思可行性的设计方案。

学生作业图例（如图2-14～图2-16）

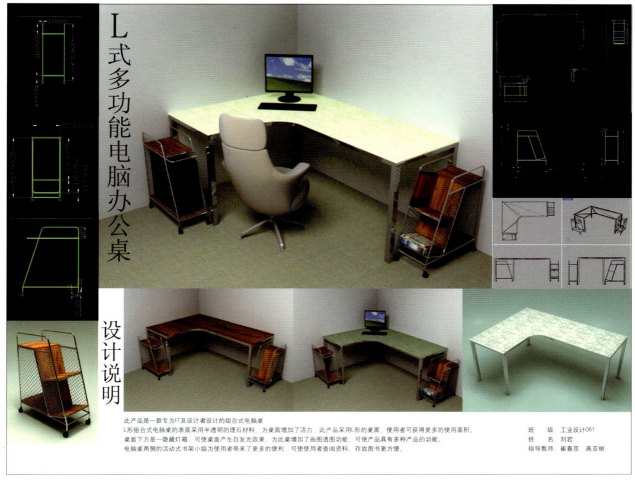

图2-14　学生以设计师自身为目标消费群体，从增加功能的角度为切入点进行此款电脑用桌的设计，但在人性化方面、使用的舒适度方面欠佳

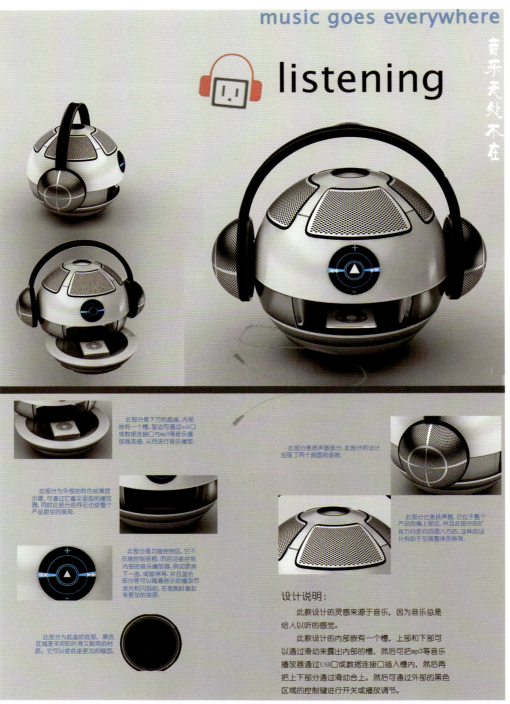

music goes everywhere

listening

音乐无处不在

此部分是下方的底座，内部嵌有一个槽，里边可通过usb口或数据连接口与mp3等音乐播放器连接，从而进行音乐播放。

此部分为外部的有色玻璃显示屏，可通过它看见里面的播放器，同时此部分的存在也使整个产品更加的美观。

此部分是功能控制区，它不仅能控制音箱，而且还能控制内部的音乐播放器，例如要换下一曲，或暂停等。并且蓝色部分是可以随着音乐的播放而发光和闪烁的，在夜晚时看起来更加的美丽。

此部分为底座的底部，黑色区域是采用即防滑又耐用的材质。它可以使底座更加的稳固。

此部分是扬声器部分，此部分的设计加强了两个侧面的音效。

此部分也是扬声器，它位于整个产品的偏上部位，并且此部分的扩音方向是向四面八方的，这样的设计有助于加强整体的音效。

设计说明：

此款设计的灵感来源于音乐，因为音乐总是给人以听的感觉。

此款设计的内部嵌有一个槽，上部和下部可以通过滑动来露出内部的槽，然后可把mp3等音乐播放器通过USB口或数据连接口插入槽内，然后再把上下部分通过滑动合上。然后可通过外部的黑色区域的控制键进行开关或播放调节。

图2-15

图2-16 学生从解决生活中实际问题的角度出发，对水杯的功能进行改进，用USB接口的形式实现加热、保温功能，增加使用的方便性，并提出了"防倒"功能的设计，不足之处是防倒的底部改良设计没有交代清楚，造型形态上仍需加强美感

班 级：工业设计061
姓 名：王 超
指导教师：崔春京
高亚丽

幻彩
防倒保温杯设计

200mm
180mm
120mm
50mm

设计说明：

当今社会用电脑的人越来越多，在电脑周边使用的产品也越来越多，这些产品大多数是电子产品都是怕水的，普通的水杯很容易被碰倒，此系列水杯在底部有一处改良设计使其不易被碰倒，另外只要用usb把水杯与电脑连接就有加热保温的作用了。而且有各种不同的颜色来丰富你的生活。

第二节 ///// 结构要素

　　谈到产品结构，很多人就会认为结构是产品的内在构造。其实，结构的内容是包罗万象的，其复杂程度也大不一样。自然界中的一个山洞、一个蛋壳是一种结构，一个蜂窝、一个鸟巢也是一种结构（如图2-17~图2-20），在产品设计中也同样如此。如设计一支圆珠笔，如何能放置笔芯，方便更换笔芯，如何能使手舒服地握住笔身，这些很多都是结构上考虑的问题。除了内部结构以外，有时产品的外形本身就是一种结构设计。

图2-19

图2-17

图2-18

图2-20

图2-21

一、产品结构的多重含义

·产品中各种材料，依据一定的使用功能相互连接和作用的方式称为结构。结构是产品的主干，是实现功能的基本保障。结构形态取决于造型、使用功能、材料的特点和加工工艺的可能性。

结构主要可分为外部结构和内部结构。

外部结构指外观造型和与此相关的整体结构。通过材料和形式来体现。在某些情况下，外部结构的变换不直接影响核心功能。如电话、吸尘器、冰箱等，不论款式如何变换，其语音传输、真空吸尘及制冷功能不会改变。另一种情况，外观结构本身就是核心功能的承担者，其结构形式直接跟产品效用有关。如各

种材质的容器、家具等。家具的外在结构直接与使用者相接触，它是外观造型的直接反映，因此在尺度、比例和形状上都必须与使用者相适应。例如座面的高度、深度、后背倾角恰当的椅子可解除人的疲劳感；而贮存类家具在方便使用者存取物品的前提下，要与所存放物品的尺度相适应等。按这种要求设计的外在结构，既承担了产品的核心使用功能，也传达了美的形态。自行车的结构也具有双重意义：既传达形式又承担功能（如图2-21）。

核心结构：由某项技术原理系统形成的具有核心功能的产品结构。核心结构往往涉及复杂的技术问题。工业设计就是将其部件作为核心结构，并依据所

具有的核心功能进行外部结构设计，使产品达到一定的性能，形成完整产品。对于用户而言核心结构是不可见的，人们只能见到输入和输出部分；对于工业设计师而言，既然并非严格意义上的功能实现者，核心结构往往只是个暗箱，通过外壳的设计能使用户产生对产品诸如信任、舒适、喜爱等正面的情感。

二、把握产品结构设计要点

1.把握整体性原则，正确处理结构与功能的有机关系

结构作为功能的载体是依据产品的功能、材料、目的来选择和确定的。产品的结构是实现其功能的基础。产品功能的开发与拓展需要进行结构创新。同一功能可以由不同的结构和技术方法来实现；同一结构也可以具有多种不同的功能，都能够产生不同的产品形态（如图2-22）。在产品形态呈现出的美感要素中，产品结构的新颖与独特性占有十分重要的位置。在现实生活中，我们常常会发现一个具有新颖结构的产品往往能以崭新的面貌出现在消费者的面前，给人以强大的视觉冲击力，极大地激起人们购买的欲望。如法国设计师设计的"染色体"餐桌，一改人们习惯中桌子的结构，三个桌腿的顶端装有磁铁，与粘在玻璃面上的铁盘吸附固定，看上去结构很复杂的桌腿，沿着两个轴承旋转，桌腿便可以折叠起来，桌腿与玻

璃桌面可以像浮雕一样悬挂于墙上，既节省了空间又起到装饰墙面的作用（如图2-23）。可见产品结构创新不仅能为产品形态创造出一种新颖独特的视觉效果，同时还能改善产品的使用功能，提高使用效率，使产品的各部分接合更科学更合理。

2.在结构设计中彰显细节

对于工业产品而言，产品本身的结构形式不但有助于其实用功能的发挥，而且从细节结构中传达出产品的人性化关怀和设计理念。例如日本"索尼"公司设计的"Walkman"在内部结构上必须能符合微型收录机的电声技术要求，同时在外部结构上又能满足携带方便及当今青少年在使用特点上的要求。因此，它所形成的产品形态特点必然和产品结构有着不可分割的内在联系。其结构的科学性与合理性同样体现出当代的科技成果及现代人们对新的生活方式的追求（如图2-24～图2-26）。

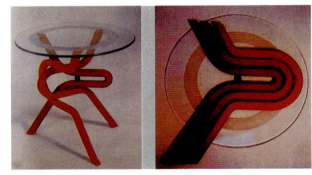

图2-23

图2-22　不同的结构形式实现同样的功能

图2-24 2006年10月，索尼（中国）有限公司宣布推出新Walkman NW-S200系列，它传承了Walkman的一贯时尚风格，外形上独树一帜。机身主体采用了独特棒形与指环形结合的设计，将传统元素与自我的主调风格经典融合，简约而流畅的机身线条不失时尚魅力

图2-25 2006年10月，索尼（中国）有限公司宣布推出新Walkman NW-S200系列，它传承了Walkman的一贯时尚风格，外形上独树一帜。机身主体采用了独特棒形与指环形结合的设计，将传统元素与自我的主调风格经典融合，简约而流畅的机身线条不失时尚魅力

图2-26 2006年10月，索尼（中国）有限公司宣布推出新Walkman NW-S200系列，它传承了Walkman的一贯时尚风格，外形上独树一帜。机身主体采用了独特棒形与指环形结合的设计，将传统元素与自我的主调风格经典融合，简约而流畅的机身线条不失时尚魅力

学生作业图例（如图2-27、图2-28）

外形尺寸：70×70×30

材　料：镁铝合金内构架，
　　　　表面为钢琴烤漆。
使用方式：多层滑盖（可拆卸）
操作系统：Android平台
摄像头：310万像素，不具备闪光功能
处理器：主频为528MHz QualcommMSM7201处理器

设计说明：

这款手机的目标人群是年轻消费者，
它结合了玩具"魔方"的外形特点，这款手机可拆卸分为3部分，
第一部分为显示屏与导航键盘，
第二部分为数字拨号键盘与电池（五层）
最后的部分为充电器（两用充电器可座充，课外接电源线）。
同时这款手机同样拥有这多点触摸屏幕和现在最热门的Android

操作系统方便，快捷。
颜色选择了具有年轻高贵气息的咖啡色，
打破了黑白手机带来的沉闷无趣。

工业设计061 王超　　　　指导教师：崔春京

图2-27　学生以产品的结构
为切入点，此款手机在设计
上改变以往手机的结构形态
和使用方式，可拆卸，层层
滑开使用

至爱浓情
心心相印

鼠标的按键是两面都可以用的，两面是一样的，以便使用者打开就可以使用，不用选择正反面。

鼠标的连接处是可以任意调节的以便不同人的使用习惯，设计更加的人性化。

鼠标佩戴的小链可以让鼠标当做小饰品佩戴在身上。

水晶の恋
恋上浪漫心情
————折叠式鼠标

图2-28 学生以产品的结构为切入点，把鼠标前后分成可调、可折叠的两部分，从而创新产品形态，不足之处是鼠标的可用性方面考虑欠佳

第三节 ///// 形态要素

　　《韩非子》记载着一则"买椟还珠"的故事：一个郑国人从楚国商人那里买到一颗有外饰漂亮木盒的珍珠，竟然将盒子留下，而将珍珠还给了楚国商人。原因是那只"为木兰之柜"，再"熏以桂椒"，又"缀以珠宝"的精美包装盒（椟）"掩盖"了盒中珍宝的光泽。无怪乎郑人不爱珍宝而爱美椟了。这则故事的本意是讽刺消费者舍本逐末的愚蠢行为，从设计者的角度可以将"买椟还珠"的案例理解为：在产品设计中，产品的形态设计和包装设计同等重要，强调产品外观形态给人的视觉感受，从满足顾客心理层次的感性需求入手，利用"精椟配美珠"、"爱椟及珠"的神奇效果，达到产品增值的目的。

一、感触形态

　　产品形态是以产品的外观形式出现的，并且这一形式传达各种信息，即产品留给人的第一印象，也就是语言里常提到的"表情达意"的作用。如产品的属性是什么？产品的功能能做什么或怎么做？

　　产品形态也是重要的产品功能。特别是在经济飞速发展和物质极大丰富的今天更是如此。好的产品形态能激起人们拥有和使用该产品的欲望。像苹果电脑、飞利浦的家电、索尼的电子产品以及意大利的家居用品等产品在世界上的成功就是很好的例证。反之，不好的产品形态只能在市场中遭受淘汰的命运（如图2-29～图2-31）。

图2-29　意大利alessi开瓶器的设计

图2-30　意大利alessi开瓶器的设计

图2-31　alessi厨房产品设计

产品形态——表形达意

"表形"通过图形、符号和一些表达产品意义的相关元素的排列、综合等构成方式来解释产品的意义，引导行为——从而正确有效地使用产品。

"达意"由表形而诠释设计的意义，达到有效人机界面交互的目的。

产品通过形态传递信息，使用者作出反应，在形态信息的引导下，正确使用产品。使用者能否按照信息编制者（设计者）的意图作出反应，往往取决于设计者对形态语言的运用和把握，设计者所运用的形态语言不仅要传达这是什么，能做什么等反映产品属性的信息，还要让别人明白怎么做、不能怎么做、除了这样还能那样等，形态是利用人特有的感知力，通过类比、隐喻、象征等手法描述产品及产品相关事物。

二、如何创新产品形态

对于工业设计的学生而言，怎样创新产品形态，通过"外表"让用户忽略"壳子"内部规律和法则，凭借外在表达理解和判断物品，是更为重要的问题。要想获得产品形态创新，就要抓住形态创新的切入点。所谓抓住形态创意的切入点，就是在产品形态创意的过程中通过对产品的使用方式、基本功能、所选用的材料、结构以及材质的表面处理、色彩等形态要素的分析和比较，选择其中某一形态要素作为突破点。

1.产品使用方式与形态创新

产品存在的目的是为人服务的，因而每个产品都包含着一定的使用功能。为了达到和满足产品的使用功能，使产品更好地服务于人，在设计产品时就必须首先要考虑人们对产品的使用方式，是哪些人来使用，在什么情景下使用，这些人有什么样的使用习惯，产品使用是否顺手，在产品使用过程中是否容易产生差错，人们会有什么样的感受和体验等，这些都是从使用方式的角度出发来丰富产品的功能，创新产品形态。

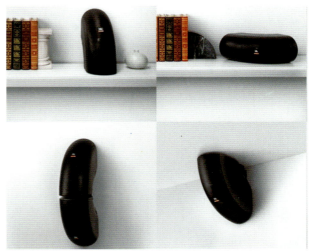

图2-32 组合音箱的设计，名为JBL Control NOW的音箱由4个90°扇形组成，有多种组合方式，适合各种不同的环境，比如角落等各种普通形式的音箱不能安置的地方

图2-33 公共电话亭设计，可组合也可单独使用，在使用方式方面提供了可以倚靠的背靠斜面，达到创新产品的目的

不同的产品使用方式设计必然会导致不同的产品形态的产生。因此，从这一点讲，对产品的使用方式进行设计或创造新使用方式是获得产品形态创意的一个重要切入点。

当然，对产品使用方式的创新设计必须基于进一步提高产品的使用效率，改善产品使用方式的基础上，使设计后的产品能达到提供消费者更多、更方便的操作需求的目的（如图2-22~图2-34）。

图2-34 组合音箱的设计,名为JBL Control NOW的音箱由4个90°扇形组成,有多种组合方式,适合各种不同的环境,比如角落等各种普通形式的音箱不能安置的地方

图2-35 同一造型形态,使用不同的材质和工艺,体现出不同的形态风格特征

2.产品材料与形态创新

任何产品都离不开材料,材料是产品形态存在的基础。由于不同的材料具有不同的视觉特征,因此,一旦某一材料被应用到具体的产品时,就会使这一产品直接产生出与该材料特性相关的视觉特征。在现实中,我们也常常发现,即使是具有同样机能或具有相似外形结构的产品,由于所应用的材料不同,都会给我们留下不同的视觉印象。另外,不同的材料有着不同的加工和成型方法,而不同的加工工艺也将对产品的形态起到直接的视觉作用(如图2-35)。

材料对产品形态变化的影响是非常直接而又深刻的。所以,在产品形态的创新中,努力探索新材料运用的可能性不失为一种较为有效的形态创新切入点。

3.产品结构与形态创新

前文讲过,产品结构是构成产品形态的重要要素,一件产品必须依赖于自身的结构才能得以形成。产品结构创新不仅能为产品创造出一种新颖独特的视觉效果,同时还能改善产品的使用功能,提高工作效率,使产品的各部机能达到更科学更合理的程度。为此,不少设计师在探索产品形态创造过程中,十分重视对产品结构的创新,这也为世界留下了无数的优秀的设计范例(如图2-36)。

通过对上述"产品使用方式"、"产品材料"、"产品结构"等几个与形态创新有密切关联的要素的分析,我们知道对这些要素的创造性运用是帮助我们获得产品形态创新的重要途径,而这些要素体现在形态创新中的影响与作用不是孤立的。对一种形态要素的创新应用必定会引起其他要素相应的变化。通过不断地综合和平衡这些要素之间的关系,使之逐步形成一个既科学合理,又具有创新特征的产品形态。

产品形态创新该遵循怎样的原则呢?

产品除了提供人们物质生活中所需要的特定功能外,还要带给人们精神方面的享受。所以一件产品除了好用外,还必须给人带来心理上的愉悦感,在形态上必定具有美感,具有艺术性。但产品形态毕竟不是一件纯粹的艺术品,它的艺术特征是设计师对产品的材料、工艺、结构、功能等造型要素综合运用的体现,是科学、技术和美学的互为统一。形态创新要遵循如下原则:

(1)简洁性原则。

在产品设计中,形态的简洁性始终是设计师要遵循的重要原则之一。

图2-36 Ci桌子——可移动式工作台,每个隔层的打开方式各不相同,别具新意。顶层还专为笔记本电脑设计了可滑开的台面及鼠标垫

①简洁的产品形态具有吸引力。

许多心理学的实验证明:人们在感知立体形态时,对简洁的形态总有很强的注意力。人们的知觉有一种"简化"的倾向,所谓"简化"并非仅指物体中包含的成分少或成分与成分之间的关系简单,而是一种将任何刺激以尽可能简单的机构组织起来的倾向。

②简洁的形态具有时代性。

从产品形态的发展趋势看,产品形态正越来越向简洁的方向发展。从过去的复杂电话机造型形态、手摇柄的拨号方式,发展到现在的轻薄小巧的移动电话,我们就能非常深切地感受到这一点。

③简洁的形态具有美感。

在现实生活中我们发现,具有一定规律秩序的形态一般都具有美感。如一些简洁的几何形态或具有黄金分割比例的矩形等。相对于一些无规律可循和杂乱复杂的形态,这些几何形态共同的特点是具有简洁性(如图2-37~图2-39)。

图2-37 简洁造型的音箱组合设计

图2-38 简洁造型的音箱组合设计

图2-39 简洁造型的音箱组合设计

（2）整体性原则。

在形态感知过程中，有一个非常著名的原则称为"整体意象优先"原则：视觉前期所感知的形态是整体的而不是视觉形态的细部；它发生在视觉感知形态的最早阶段；它比后续的注意力专注阶段具有优先性。

"整体意象优先"原则使我们意识到，形态的整体性在人们的视觉过程中十分重要。因为它在人们感觉时起到优先作用。反过来讲，一个形态只有当它的整体感觉具有吸引力时，人们才能被它所吸引并发生对其细部的视觉活动。

具有整体性的产品形态往往有以下的特征：

①整体产品形态明确、简洁、个性化强，能给人较深刻的视觉印象。

②产品形态细节丰富，但各部分的形态变化均有一定的内在联系，使之能形成视觉上的统一。

③产品能给人的第一感觉是产品的整体特征而不是哪一个细节。

（3）企业产品品牌意象的有效传承性。

在产品形态设计上与原来产品的外观没有多大的区别固然是不可取的，但让消费者感到完全陌生的产品也可能有很大的市场风险。一些成功的设计实例证明，在产品形态创新的基础上保留一些先期产品原有的视觉意象可以更好地保持消费者对该产品的信赖程度，进一步促使其购买欲望。因此，在产品形态设计中如何正确地传递先期产品中对消费者具有影响力的因素是一条重要的设计原则。

第四节 //// 材料要素

大自然中充满各种产品材料，每一种材料有独特的个性和语素，通过设计师的灵活驾驭、艺术创作获得灵性，展现出材料动人的魅力，如木质产品及纹理淳朴自然、清闲恬静；各类的金属制品坚盾深沉，锐利；玻璃制品温婉、晶莹剔透；塑料产品光洁、致密；布纤维制品柔软、舒适等。

人类在长期造物史中，新材质、新科技的发明、运用往往会成为产品设计创新的契机，使设计的水平得到一个飞跃。在现代产品设计中，大胆地采用新型工业造型材料和先进工艺，能够在产品的质量、性能、外观等方面，都给人与众不同的美感。材质美感设计正日益受到设计师与消费者的青睐，以满足人类日益增长的物质生活和精神文化的需求。

一、魅力材料

1.材料自然属性的魅力——产品的真实生命力和个性、品位的联想

有人认为对材料运用的熟练、成熟程度是衡量一个设计师成熟与否的标准，也是衡量一件产品是否具备深厚内涵的标准之一。且不去评论这种观点准确与否，但至少说明了材质的合理运用在产品设计中的重要地位。一种好的设计需要好的材质来渲染，诱使人去想象和体味，让人心领神会而怦然心动。

中国传统建筑多用土、木料，西欧一些国家居民至今仍筑木屋而居，选择这样的居住方式除受到经济发展水平的因素、地理环境的因素等影响制约之外，更重要的是因为土、木质的亲和性和生命感，让人有亲近自然的感觉。同样，古人愿意把石材用于墓室建筑中，"海不枯，石不烂"，石材材质的这种真实永

久性，寓意了可以让死者永垂不朽。这是我国帝王将相、达官贵人祖祖辈辈延传下来的墓葬习俗。分布于华夏大地，历经上千年保存至今的大量宗教尤其是佛教摩崖造像、石窟造像，其崇高的文物价值，更是通过石质材质这种特殊的载体，使我们至今能感受到先人们聪明的才智、高度的艺术创造力（如图2-40、图2-41）。可以说这种材质本身就构成了古迹的壮美。同样，我们可以考证西方的造物史中嗜好用巨石建筑房屋庙堂，也是由于石料质硬量重，体量大，坚实稳固且肃穆威严，耐用，留存时间较长。正如乔治、桑塔耶纳在他的《美感》中所说："假如雅典的巴特农神庙不是大理石筑成……将是平淡无奇的东西。"从某种意义上讲，正是材料的自然属性承载了艺术形态传承文化的重要价值（如图2-42）。

自然质感的产品大多具有天然性和真实性，在产品设计时明确设计目的，按功能的要求，选取合理的材料和质感表现，使物尽其用（如图2-43）。

2.材料社会属性的魅力——产品的时代特征和商业特征的显现

新材料的开发与运用往往与时代的进步、科技的发展是同步的，材料和工艺的革新有时会引起设计概念和风格的革新，20世纪初，由包豪斯所倡导的现代工业设计，就是把钢材和玻璃等新材料、新技术运用到产品设计中，震撼了产品设计史。运用新材料、新技术设计制造的产品成为时尚的代名词，因其鲜明的时代特征备受广大的消费者青睐，创造出良好的商业效益。

如苹果公司IMAC电脑机箱的半透明塑料材质就曾迷倒全世界，让濒临困境的苹果公司起死回生，创下史无前例的良好销售业绩。这种处理后的材质传递给我们的是产品的现代时尚感，配上各种亮丽的色彩，感觉轻松、可爱。不得不佩服设计师的奇思妙

图2-40 现代社会仍在使用的典型石器产品——石磨

图2-43 自然质感的木质家具，淳朴、怡人、温馨

想，让塑料制品这种感觉廉价的材料，也能显示出高雅的质感，成为一种时尚。

设计中，除了少数材料所固定的特征以外，大部分的材料都可以通过表面处理的方式来改变产品的色彩、光泽、肌理、质地等，直接提高产品的审美功能，从而增加产品的附加值。如我们使用的手机、相机、耳机、各种灯具等产品中的很多部件均为塑料材质，经过表面镀覆工艺——电镀金属涂层，达到改变固有材料表面的颜色、肌理及硬度，使材料耐腐蚀、耐磨，具有装饰性和电、磁、光学性能。经过这一系列的表层处理工艺，体现出丰富多彩的变化，能够模仿其他材质，从而减少不必要的浪费，降低了某些昂贵材料生产成本。良好的人为质感设计可以替代和弥补自然质感，节约了珍贵的自然资源，同时获得大方美观的外观效果，给人美的感受，为产品带来更高的附加值，体现了产品设计中运用含高科技、先进工艺的材质所产生的积极的时代意义和社会效益（如图2-44～图2-48）。

二、材料开发与应用实例解读

1.提高产品设计的适用性

良好的质感运用，可以提高整体设计的适用性。

图2-41 薄雾笼罩下的卢舍那大佛，风化残迹，依然壮美

图2-42 雅典巴特农神庙遗址

图2-44 各种材质质感与不同加工工艺的结合，丰富了产品的品类，提高了产品的适用性，增强了产品的审美价值，带来更大的经济效益

图2-45 各种材质质感与不同加工工艺的结合，丰富了产品的品类，提高了产品的适用性，增强了产品的审美价值，带来更大的经济效益

图2-46 各种材质质感与不同加工工艺的结合，丰富了产品的品类，提高了产品的适用性，增强了产品的审美价值，带来更大的经济效益

图2-47 各种材质质感与不同加工工艺的结合，丰富了产品的品类，提高了产品的适用性，增强了产品的审美价值，带来更大的经济效益

图2-48 各种材质质感与不同加工工艺的结合，丰富了产品的品类，提高了产品的适用性，增强了产品的审美价值，带来更大的经济效益

如软质材料给人柔软的触感和舒服的心理感受。

2.塑造产品的个性品位

材质运用是体现产品个性品位的重要因素，良好的工艺技术是实现质感效果的前提条件，而良好的材料质感设计也体现了产品的工艺美和技术美。通过材质设计传达出产品的技术、文化、人性等信息，体现出产品的精神意境、价值感和消费对象的地位，实现从材料质感到产品意境的飞跃。

3.提高产品的装饰性

良好的材料及质感设计，可以提高工业产品整体设计的装饰性，形成产品的风格特征，有着形态和色彩所难以言尽的形式美。

4.达到产品的多样性和经济性

如前文所述，同材异质和异材同质的处理效果都极大拓宽了材质的品类，达到工业产品整体设计的多样性和经济性。例如，各种表面装饰材料，如塑料镀膜纸能部分替代金属及玻璃镜；各种贴墙纸能仿造锦缎的质感；各种人造皮毛几乎可以和自然皮毛相媲美，这些材料质感具有普及性、经济性，满足工业产品设计的需要。

产品设计既是视觉艺术又是空间艺术，物质材料作为媒介对产品设计既有制约作用又有支撑作用，虽然现代科技可以在一定的程度上改造材质，但很多情况下，一定的材质只适用于一定的产品造型，如果用材不当，哪怕艺术形象再好，也觉得别扭，甚至会造成设计上的失误。例如，铁锤子是用来砸东西的，它是用生铁铸造而成的，铁质量重，比重、硬度都相对较大，如果将锤头的材料换成塑料电镀的或是毛线织的，这样的锤子砸下去会是什么效果呢？在实际生活中，如将一些材料偷梁换柱形成"金玉其外，败絮其内"的产品，这样的设计后果将不堪设想。这也告诉我们更多的时候要从实际出发，考虑其合理适用性，对材料认真地选择、利用，发挥它与特定造型相适应的质地特性和表现力。各种材料都有其自身的结构美感要素，产品结构的美感要素往往来源于对这些材料的合理加工使

用。因此我们要因材制宜，因材施艺，使材质运用与产品的形态、功能、色彩、工作环境匹配适宜、相得益彰。

学生作业图例（如图2-49、图2-50）

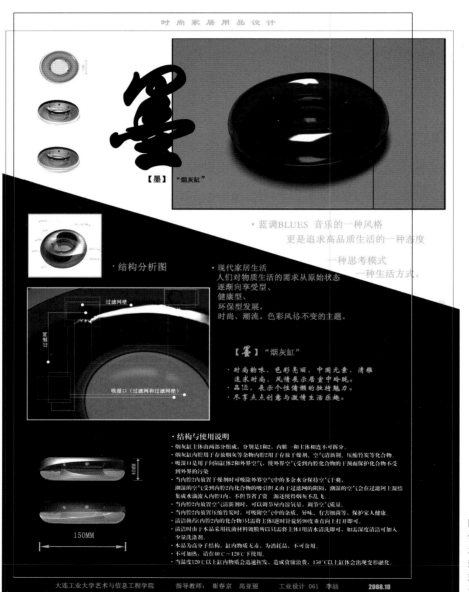

图2-49 学生从设计引领一种健康、环保的生活方式和消费理念这个角度出发，烟灰缸内部物质运用干燥剂、空气清新剂、压缩竹炭等化合物等降低烟灰对周围环境、人的污染，体现产品设计为人服务的新理念

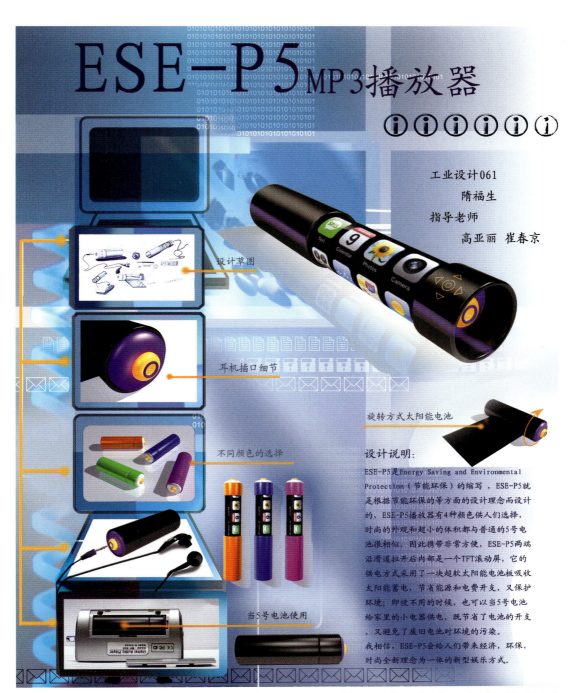

ESE-P5 MP3播放器

工业设计061

隋福生

指导老师

高亚丽 崔春京

设计草图

耳机插口细节

不同颜色的选择

当5号电池使用

旋转方式太阳能电池

设计说明:

ESE-P5是Energy Saving and Environmental Protection(节能环保)的缩写,ESE-P5就是根据节能环保的等方面的设计理念而设计的,ESE-P5播放器有4种颜色供人们选择,时尚的外观和超小的体积都与普通的5号电池很相似,因此携带非常方便,ESE-P5两端沿滑道拉开后内部是一个TFT滚动屏,它的供电方式采用了一块超软太阳能电池板吸收太阳能蓄电,节省能源和电费开支,又保护环境;即使不用的时候,也可以当5号电池给家里的小电器供电,既节省了电池的开支,又避免了废旧电池对环境的污染。

我相信,ESE-P5会给人们带来经济,环保,时尚全新理念为一体的新型娱乐方式。

图2-50 学生作业,此款播放器的设计突出节能环保的设计理念,大胆设想新型材料——超软太阳能电池板,将太阳能转化成电能并且储存起来;在功能方面除了满足播放的主要功能外,还可以做充电电池使用

第五节 ////// 色彩要素

一、华彩外衣

在形态要素设计中，形色不可分，色的因素包含在形态要素中，色彩因素对丰富形态、塑造形态起着很关键的作用。据调查显示，人们认知一种产品的属性，在最初的20秒内，色彩感觉会占80%，形体占20%；2分钟后，色彩占60%，形体占40%；5分钟后，色彩、形体各占50%。由此，色彩是人们对产品视觉的第一印象，有着形体与质感不可替代的重要地位。试想，如果将色的因素抽去的话，那么对产品形的认知度就会降低或被扰乱，形态将会黯淡无光。

二、产品设计中色彩的运用

以下列举几项色彩在产品设计中常用的手法。

1. 以人为中心的产品色彩设计

产品的色彩充分体现以人为中心，共性与个性、普遍与多样的辩证统一的设计原则。如长期以来，电脑桌、办公桌椅之类的带有办公性质的产品很多为灰、黑色系，而儿童产品色彩相对活泼、绚丽，这里就有色彩设计以人的需求为中心，与形态属性相一致的原因。因为，办公类产品的形与色在心理感受上归属于理性的范围，而儿童用产品的形与色在心理感受上偏女性化，归属于感性的范围。

2. 产品色彩符合美学法则

"简洁就是美"既要求产品形体结构简单、利落，又要求色彩单纯、明朗。单纯明朗的色彩，有一定的主色调，达到对比与调和等审美要求，并且符合时代审美需求，根据不同产品的功能、使用环境、用户要求以及颜色的功能作用等进行设计。

3. 产品色彩满足企业形象的需要

（1）同一产品造型，用不同的色彩进行表现，形成产品横向系列。会给人感觉品类丰富，增加形态视觉上的丰富性（如图2-51）。

图2-51　DELL-Studio-Hybrid 电脑系列

（2）对同一产品形态用不同色彩进行各种分割（根据产品结构特点、用色彩强调不同的部分），形成产品的纵向系列。这种色彩的处理方法会在视觉上影响人对形态的感觉，即使是同一造型的产品，也会因其色彩的变化而对形态的感觉有所不同。比如我们尝试着将一件正面缺少变化的四门大衣柜用于存储四季的衣物，将衣橱的四扇门分别漆以淡草绿、淡黄、粉红、浅棕四种不同的颜色，不但弥补了形体的不足，而且显得雅致清新，同时又可用来代表一年四季分放不同季节的衣服，便于识别。

（3）以色彩区分模块，体现产品的组合性能。

（4）以色彩进行装饰，以产生富有特征的视觉效果。

4. 符合不同地区和国家对色彩爱好和禁忌的原则

由于各个国家、地区、民族、宗教信仰、生活习惯的不同，以及气候、地理位置的影响，人们对色彩的爱好和禁忌也有所不同。比如我国北方地区喜欢暖色、深沉、浓烈、鲜艳的色彩；南方喜欢偏冷色，素雅、明快、清淡的色彩。产品的色彩既不能脱离客观现实也不能脱离地域和环境的要求。要充分尊重民族信仰和传统习惯，创造出人们喜爱并乐于接受的产品色彩形态。

第六节 ///// 人因要素

产品制造出来是为了更好地改善人们的生活环境，更好地为人类服务，因此现代工业产品设计的目光更多地放在了对人的研究上。慢慢便形成了人体工程学、工业设计心理学等学科，更多地考虑到消费者对产品的需求特征。20世纪80年代中期人们提出了"以人为本"的设计理念，在考虑产品使用功能的基础上，更多地注意到了人的使用特性。产品设计要最大限度地迁就人的行为方式，体谅人的情感，使人感到舒适，提高人们的生活品质。

一、以人为核心——产品设计的可用性原则

1. 人的尺度——产品形式存在的依据

产品设计中要考虑到人的生理、心理上的尺度，人的尺度是指人体各个部分尺寸、比例、活动范围、用力大小等，它是协调人机系统中，人、机、环境之间关系的基础，人的尺度通常是基于人体测量的方式获得的，它是一个群体的概念，不同民族、地区、性别、年龄的群体的尺度不同。它也是一个动态的概念，不同时期同一类型群体的人的尺度也存在很大差异。

大多数情况下，人体尺度是产品形态存在的基本依据。以捷克的工业设计师克瓦尔剪刀设计为例。捷克的工业设计师克瓦尔1952年设计的剪刀在西方国家引发了一场剪刀变革。他研究工人的手部创伤、水肿的病案，采用一种试验的概念，用软泥灰包裹气钻、铁锤的把手，然后根据手留下的痕迹设计新的手柄和把手。他的设计形态均为有机造型，极富雕塑感和人情味。克瓦尔的设计具有重要的史学意义，因为他的设计采用"试验的概念"来获得造型的依据。从某种意义上说是一种准科学。

2. 人的极限——产品的容错性设计

人非圣贤，孰能无过？人有各种各样的生理上的局限，人会疲劳，人的知识和记忆既不是非常精确，也谈不上可靠；人的操作受个性、情绪的影响极大，它们会导致人能力的剧烈变化。这时便出现了差错。差错分为两类：

一是错误，是有意识的行为，是由于人对所从事的任务估计不周或是决策不利所造成的出错行为。

失误是使用者的下意识的行为，是无意中出错的行为，例如收到一条短信息，本想要按"阅读"键，却无意按到"取消"阅读的按键；当你正在全神贯注地思考一件事情，忽然接到一个刺激，例如被人拍了一下，你可能会将想着的事情脱口而出，这是由于内在的意识和联想造成的失误；有时候倒完水也会顺手把水瓶盖盖在了旁边的杯子上，这也是一种失误等。

差错既然无法避免，又对作业产生极大的影响，从可用性角度出发的差错应对包括两个方面：一是差错发生前加以避免；二是及时觉察差错并加以矫正。

方法如下：

提供局限，使错误的行为难以发生；

提供明确说明；

提示可能出现的差错；

失误发生后能立刻察觉并且矫正（如图2-52~图2-54）。

图2-52　Alessi鸣叫水壶，水开时发出像小鸟一样的鸣叫声来提示使用者及时使用

图2-53　钢琴键？还是……原来这是一款门铃的设计，提示"按下去"的产品，语意非常明确，不过可要当心调皮的孩子会不会经常来按着玩呢

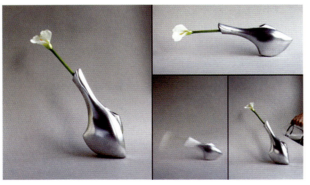

图2-54　此花瓶用锡铅合金制成，因特殊的结构设计，水满时是直立的，随着瓶内水量的减少，花瓶就慢慢倾斜。产品用自身形态的变化，友情提示使用者不要忘了给花浇水

3.人的习惯——产品设计中的易视性、易学性和及时反馈

易视性，是指与物品使用、性能相关的部件必须显而易见；反馈，指使用者的每个动作应该得到及时的、明显的回应。易学性是使学习的内容能迅速与原有的知识结构（图式）发生联系，并入到原有的语义网中。

易视性指产品设计中存在说明和差异，并且这种说明和差异变化可见。比如设计师处于美学上的考虑，将物品的某些部件隐藏起来，或者将有提示作用的符号、部件和说明做得很小，从可用性角度而言是不合适的做法。

人们的学习机制告诉我们，正确操作的关键之一是其行为结果有相应的反馈，确保用户了解个人操作的后果，及时调整操作，避免错误的行为。

产品设计就是努力使产品适合人，而不是让人去适应产品，因为人本身才是一切产品形式存在的依据。

二、产品设计的社会角色——情感交流的载体

现代都市的发展以及工作生活中的压力导致人变得"心浮气躁"，而充斥在人们周围的产品也时刻影响着人们的情绪。随着人的需求层次不断提高，产品也在不断进化。从第一块为了生存而敲砸的石块到今天各种各样的电子产品，它们都满足着人们日益增长的物质文化需求。到今天，产品的使命已不仅仅只是工具，而正在由"工具化"向"角色化"转变，它们既是人们向外传达自我的表现，更是与人们交流情感的朋友。人们购买产品，不一定都是自己消费，也可能用于馈赠他人，这时的产品就成为了礼品。礼品是购买者意愿的表达媒介，它可以具有一定的使用性，但同时要具有一定的象征性和审美价值，从而作为情感交流的手段，有一定的纪念意义。

图2-55　趣味性强的产品形态设计，越来越受到人们的喜爱

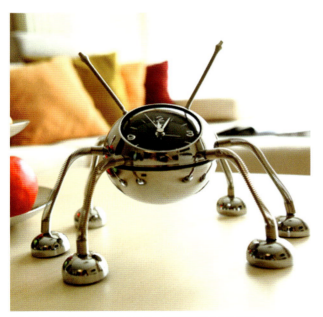

图2-56　趣味性强的产品形态设计，越来越受到人们的喜爱

　　当产品所传达的情感与购买者的某些情感或记忆相呼应时，就容易引起共鸣，成为广受欢迎的好产品。从这个意义上说，产品不仅是一种单纯的物质形态，更是设计师与消费者情感交流的信息载体，是具有生命感的物质形态。如图2-52所示的办公用品，将便笺纸、名片夹在两个"啤酒肚"中间，给严肃的办公室带来生机和趣味，给忙碌的工作增添一份轻松与幽默。简单的物品也可以趣味化、情感化，它所担任的角色已经超过了本身具有的功能（如图2-55～图2-58）。

　　产品的社会角色正在发生着变化，它已经不仅是日常生活中的用品，而成为能影响人们喜怒哀乐的具有生命感的物质载体。

图2-57 趣味性强的产品形态设计，越来越受到人们的喜爱

图2-58 趣味性强的产品形态设计，越来越受到人们的喜爱

[实训练习]

◎ 深入理解产品设计各要素之间的关系在产品设计中的具体运用和体现。以某一要素为切入点，发现需求或不足，进行产品设计。

◎ 选择几件典型的设计作品，分析它们通过哪些要素实现产品形态的创新。

[复习参考题]

◎ 选择生活中的一类产品，分析其历史和现状中的构成要素有哪些。

◎ 综合本章中介绍的产品设计各要素，思考在实际设计中怎么提高产品设计创新能力。

第二章 产品的设计调查

■ **本章重点** 》

在设计一件产品前，围绕产品展开的调查是必不可少的。

一、设计产品的定位。

二、与定位产品相关的市场调查。

三、调查后的重新认识与再定位。

■ **学习目标** 》

本章主要解决设计课题定位、确定设计课题后的产品相关调查等问题，通过调查所得的报告，重新认识设计课题，明确设计产品定位。

■ **建议学时** 》

8学时。

第三章　产品的设计调查

作为工业产品设计的最终结果的商品，它应该是一个复杂的综合体，它体现着一个时代的人的生活生产需求、审美情趣、生产技术、生活方式，以及社会经济文化等方面的综合因素，是一个时代的见证。不同时代人们对产品的理解和需求也是不同的。同样，这也和这个时代的人的生活生产习惯、审美要求、生产技术、生活方式、社会文化背景等因素有重要的关系。如何正确地判断这些影响产品设计的因素，是做好产品设计的前提。

在设计理论上，德国的包豪斯设计学院提出过三个基本观点：艺术与技术的新统一；设计的目的是人而不是产品；设计必须遵循自然与客观的法则来进行。这三个基本观点为后来的设计界带来了巨大的影响，而对工业设计的影响最为明显。

工业产品设计的目的是人，而产品的设计、开发、应用等工作都是实现这个目的的手段，最终实现产品为人所用。在第一次工业革命前的西方，手工业生产为主导的时代，作坊的规模很小，是一种比较原始的生产状态，在这种生产状态中，信息和交通的不发达，使其产品的流动范围较小，其产品的设计者和生产者与消费者之间联系密切，信息相通。大部分情况是，产品的生产者、设计者和制造者是同一个人或同一个工作小组，同时他们又是销售人员，他们总是直接面对消费者，能直接了解到消费者对产品的意见和各种需求，根据直接了解消费者的信息回馈进行再设计和再生产，以满足不同消费者的不同需求，在相对的范围内扩大其消费市场。

到了18世纪中期第一次工业革命以后，随着科学技术的飞跃发展和进步，企业规模的不断扩大，使得行业的分工越来越细，产品的设计者、生产者和行销人员不再集于一身，设计师也由此诞生，设计从生产销售中单独分离出来，这个时候一般只有销售人员经常直接面对消费者，而设计师和生产者逐渐远离消费者和销售市场，往往不能直接听到人们对产品的意见和呼声，因此，这时设计师就需要借助于专门的社会调查获取销售市场和消费者的信息，以便据此进行再设计、再生产，就成为现代设计师在设计产品前势在必行之路。

第一节 //// 产品设计定位

产品设计从广义上分有新产品开发设计和产品改良两种设计思路，新产品开发往往是一种创新设计，它的结果是一种新的产品的诞生。现有产品改良则是一种改良设计，没有一种产品可以经久不衰的，随着时间的变化和社会文化的发展，它的一些功能、作用、外观等因素已经落后于时代，这时就需要设计师对其进行改良再设计，而产品就是在这种不断的改良再设计中不断发展变化的。例如，1877年美国人贝尔发明了电话机，当时的电话机的造型和功能和现在的电话相距甚远，并且在这一百多年中，随着社会文化的发展和变化，电话在不同的时代有着千变万化的不同功能和样式，并随着时代的发展继续变化着。这两种设计都在我们的生活中不断发生，我们不断地看到一些新的产品诞生在我们的生活中，为我们的生活带来方便；也不断地看到一些常用的产品工具在进行着发展和改良（如图3-1、图3-2）。

影响产品设计的主要条件：功能与需求、生产技术与材料、审美与创造。这些要素相互促进，相互制

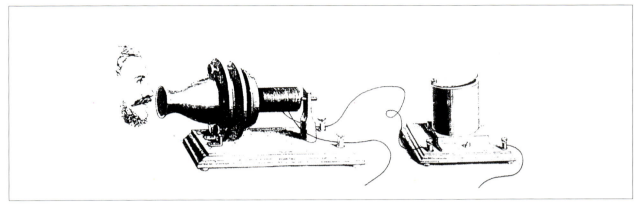
图3-1

图3-2

图3-3

约。功能与需求是产品设计的主要目的和动力，人的需求往往是设计的第一动力，设计的最终目的是人，满足人的需求是产品的最重要的属性；生产技术与材料是产品存在的现实基础；审美与创造则是一个好的设计产品的灵魂，是产品实现其附加值的主要形式。

设计方向的确定也受产品设计主要条件的影响，其中功能与需求的影响比较明显，要确定设计的产品是新产品开发还是现有产品的改良，就要看功能与需求。工具性是产品的一个重要属性，当你发现生活中有一种新的需求的时候，就相应的需要一种新的工具来满足这种需求，这种情况经常在我们身边发生，比如餐馆的点菜器，就是在近几年才应用到我们的生活

中的；对产品功能的要求则促进着产品的改良，比如我们常用的手机的功能可以说每天都会发生变化，你稍不注意就会发现自己落后了。审美与创造也是设计的一个主要目的，好的外观设计会使产品得到附加值，尤其在现代的商品经济社会里，人们对审美的要求在提高，而产品审美创造往往直接影响产品的销售。生产技术与材料影响产品的产业化发展，只有生产技术的不断进步，才会使产品更快更好地发展。在确定设计课题时，一般首要考虑的是产品的功能与需求，其次是审美与创造，再是生产技术与材料（如图3-3、图3-4）。

图3-4

一、新产品开发

当一种新的产品被开发出来的时候，往往是解决人们在生活中的一种需求，从工业革命开始以后，这种步伐就一直在加快，并且在不断影响我们的生活。

新产品的开发是一个复杂的、相对漫长的过程，其中需要考虑的问题很多。设计产品的可行性分析是新产品开发的第一环节，也是新产品开发成功与否的重要环节。通过对产品的可行性分析，不仅可以使产品的开发过程更顺利、更合理、而且可以避免对技术或市场认识的不充分而造成产品开发的夭折。这其中需要对产品的调查很多，就产品设计专业而言，需要了解产品的工具性需求、产品的市场需求量、同类产品的功能、生产技术与材料等主要情况（如图3-5）。

二、现有产品改良

现有产品改良设计是对产品的功能与审美的需求改变而进行的。在实际的生活中人们总是发现手中的工具并不是一直能够满足生活的需要，它们需要不断的改变来满足人们的生活需求。

功能的需求往往是主要的因素。人们总是希望得到最好的工具，这种要求迫使产品不断发展。有了电话，让我们的沟通更加便捷，为了方便使用，出现了

各种功能的电话：固定的、移动的、无绳的。手机出现后，又不断地在改变功能：短信、邮件、照相、上网等（如图3-6）。人们对审美的需求也使产品在外观上不断变化。形状、色彩、装饰、肌理等外观的美感越来越被人们重视。在工业生产日益发达的今天，人们对美的需求变化也更为迅速，人们越来越追求新颖、时髦的外观，追求产品的视觉感受和象征意义。这也成为现代产品在市场上能否获得成功的一个重要因素。

三、产品的受用人群

不同的人群有不同的产品需求，产品市场日益完善的今天，产品的消费者划分也越来越详细了。在确定设计课题前，定位设计的消费人群也是产品设计的一个重要工作。消费人群可以根据年龄、性别、国籍和地区、社会地位、职业、生理、心理特点等因素划

图3-5

图3—6

图3—7

分。例如，为儿童设计的产品要充分考虑儿童的生活习惯、审美、生理心理特征等因素（如图3—7）；不同地区有不同的文化生活习惯，不同的社会地位、收入情况也决定着人在选择产品时的差异，在设计产品的时候就要确定产品的服务范围，要考虑是低收入还是高收入者，是低学历者还是高学历者等这些因素；产品也可以为特定职业进行设计，以满足这个职业的一些需求；也有为特殊生理心理人群的设计，比如为残疾人做的无障碍设计（如图3—8）。

设计课题的拟定要充分考虑以上因素，做综合分析后确定设计课题。

图3—8

第二节 ///// 设计环境调查

产品、商品都有它独特的存在环境，产品、商品作为人们生活中不可缺少的部分，也是一个时代的见证。

市场调查在工业设计中占有重要地位。在市场经济条件下，市场的销售状况大多取决于广大消费者的需求，只有不断了解市场的供销信息、了解广大消费者的需求信息，然后依靠这些信息的反馈，即依靠对这些从调查中得来的信息的分析和研究，并依靠从中得出的比较客观而科学的数据，再重新制订新的生产计划、进行新的产品开发，才能使生产和供销合拍，形成和谐的、良好的市场循环。

产品设计中的市场调查也是源于市场经济的竞争需要。在自由的市场经济中，消费者对产品有自主选择的权利，在这种买方市场的状态下，如何让你的产品在市场中吸引住消费者就变得尤其重要，这种对市场的调查是确定设计课题后的首要工作。

一、市场需求调查

产品设计源于人(消费者)的需求，人（消费者）的需求也就是市场的需求。在现代市场经济中这种需求往往是产品设计的第一动力。不断提高社会生活水平的社会责任要求产品设计师努力争取更多地满足消费者需要。

这就是说，去做消费者当前打算购买的产品是不够的，也是落后的。消费者普遍存在着"潜在需求"。例如，对于目前市场上某种商品的功能、外观、质量等不满意的消费者，即使存在需要，也可能不去购买这种商品。清晰地认识产品的潜在需求可以更深入地了解消费者的心理，这样所设计的产品就会更有针对性，更贴近市场的需求。

二、同类产品调查

同类产品调查包括市场现有的同一种类的产品调查和与所设计产品相关的关系产品的调查。

设计产品前对于市场上同一类产品的了解，对产品设计师来说是必不可少的。同类产品就是设计师所要设计产品的竞争对手。了解主要的同类产品在市场上的卖点、缺点等特点，可以对自己的设计产品有新的定位和认识。同时，对同一类产品的了解也是改良设计的前提。调查与设计产品相关的关系产品可以了解相关产业链条对产品带来的影响。比如体育器材设计，设计产品的同时，要对体育用品的相关产品都有所了解，拓宽调查的辐射面，可以使设计的产品具备更深的内涵。

在调查过程中可以先把同类产品进行分类，同一类产品中分著名品牌和普通品牌，关系产品中包括密切相关的和一般相关的，要根据自己的设计需求分析重点调查对象的主要因素。这里包括的内容很多，例如：产品的风格流派、发展趋势、产品的价格、质量、材料、销售方法、寿命周期、包装、销售量等（如图3-9、图3-10）。

三、受用人群调查

一种产品总是有它所针对的受用人群的，没有产品是适合所有人用的，在设计产品前应该对产品的受用人群做好定位，就是说设计师所设计的产品是为什么人所设计的，比如市场上五花八门的数码相机，不同品牌、不同型号所对应的受用人群是不一样的，有适合普通家庭生活的，有适合旅行的，有适合专业摄影爱好者的，也有专门针对女孩们的时尚外观的设计等（如图3-11）。

定位好受用人群，就要去对受用人群进行调查。对受用人群的调查能更准确地把握产品的市场潜在需

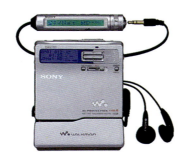

图3—9

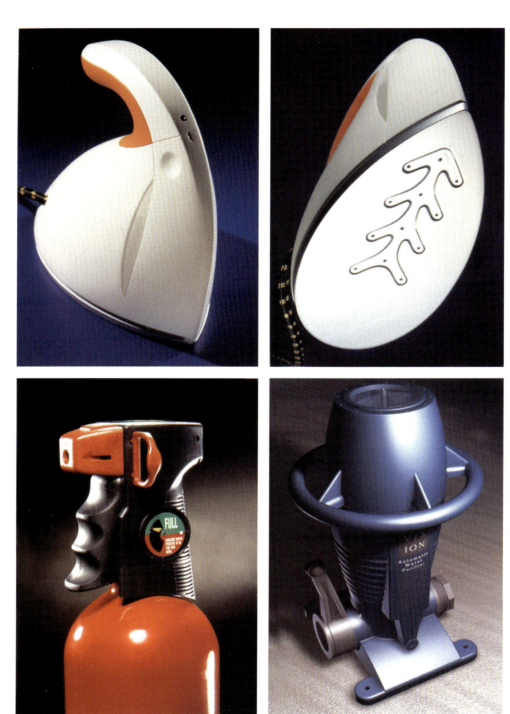

图3—10

图3-11

求，潜在需求在同类产品中是看不到的，想要了解市场的潜在需求就要对市场上的消费者进行调查。

产品设计的要求可以根据年龄、性别、国籍和地区、社会地位、职业、生理心理特点等因素划分消费者的类型，针对不同的产品也可以灵活选择调查方法。调查方法大致可以分为以下几类：询问法、调查表格法、观察法。各种方法的优缺点不同。比如询问法可以当面获取信息，有利于获得有效的资料，缺点是没有同一具体的问题提纲，获得的信息分析困难。表格法应用比较多，它的特点是易于回答，书面的形式涵盖面广，被调查者有充分的时间考虑回答问题，缺点是回收率低，影响调查的代表性。观察法可以仔细地调查被调查事物的客观面貌，但花费的精力比较多。综合运用这些调查方法可以相互弥补缺点，获取到真正有用的信息。

四、产品环境调查

任何产品都不是独立的，它总是存在于一定的环境之中，并参与组成该环境。

各式各样的产品组成了我们生活的人化的自然环境，它们往往不是单独存在的，这些产品组成了环境这样一个整体，产品设计就要求有一个从全局出发的观念。产品在改变我们的生活，我们的生活也改变了产品。

产品一般存在于它的一个特定环境范围，这个特定的环境可以是某个国家、地区，也可以是某个民族，或者是一类人的生活圈子，在这个特定的环境里，产品总是成系列的存在，带有这个环境的明显特征。正确地把握好产品设计的环境，才能设计出环境要求的产品。

五、生产技术调查

产品的最终生产，是产品设计的终端。对生产技术的调查了解也是必不可少的。

科学技术是在不断进步的，产品设计师要紧跟科学技术的进步步伐，这样才能在技术进步的同时，设计出与技术相符的产品。比如，随着技术的进步，液晶显示器已经逐渐代替了显像管显示器，这个技术的进步，给电视、电脑显示器等的外观带来了巨大的变化，设计师就要紧跟这种技术进步的潮流，在设计相关显示器产品的时候，考虑到应用液晶显示器技术来设计产品。

产品作为商品，有其商品的特征。追求更高的利润是商品社会的基本原则，也是产品得以存在的现实条件。解决了产品功能、审美的要求后，生产技术就是产品的一个重要生存条件了，它直接决定着产品是否能够在商品经济条件下创造更多的利润。简单的生产工艺，必然会降低产品的成本，也就会带来更多的利润。反之，由造型功能导致的生产工艺复杂，直接的影响就是产品的生产成本提高，价格提高，在同类产品中失去价格优势，也就创造不了更多的利润。

所以在产品设计过程中，一定要对当下的科学技术、生产技术有一定调查了解，这样才能使产品的生命力加强，占有更多的市场利润（如图3-12、图3-13）。

图3-12

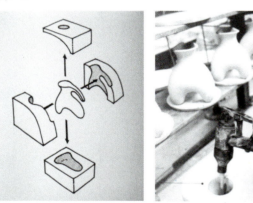

图3-13

第三节 ///// 分析总结：根据调查定位设计产品

深入调查后得到的产品调查报告，是产品设计的重要依据。通过市场需求、同类产品、受用人群、产品环境、生产技术等主要方面的调查，得到一些相关的数据材料，根据所得的数据材料重新定位所设计产品，可以使所设计产品更加贴近市场的需求，在同类产品中有竞争优势，紧紧地抓住受用人群的心理需求，适合文化地域等环境的特点，符合生产技术的要求。

[实训练习]

◎ 5人一组确定一个设计课题，围绕设计课题进行产品的相关调查，写出调查报告，要求小组成员分工明确，默契配合。

◎ 根据调查报告，阐述产品的设计定位。

[复习参考题]

◎ 产品的市场调查对产品设计者有何意义？

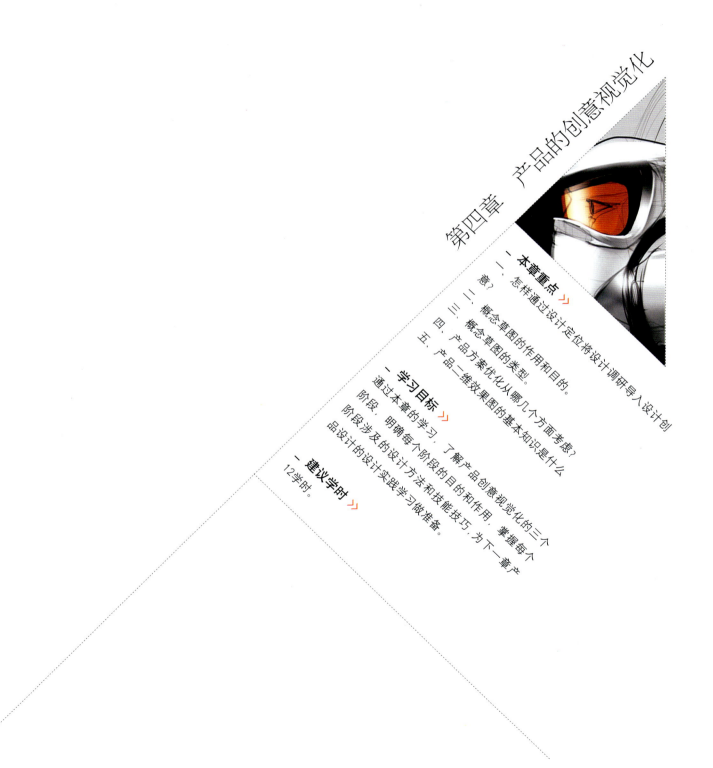

第四章 产品的创意视觉化

一、本章重点 》

一、怎样通过设计定位将设计调研导入设计创意?

二、概念草图的作用和目的。

三、概念草图的类型。

四、产品方案优化从哪几个方面考虑?

五、产品二维效果图的基本知识是什么

一、学习目标 》

通过本章的学习,了解产品创意视觉化的三个阶段,明确每个阶段的目的和作用,掌握每个阶段涉及的设计方法和技能技巧,为下一章产品设计的设计实践学习做准备。

一、建议学时 》

12学时。

第四章　产品的创意视觉化

第一节 //// 明确设计定位

产品从一个设计想法到能看得见的视觉效果，是要经历一个复杂的过程的，因为设计想法是抽象的，而产品设计的目的是要将这些抽象的想法转变成具体的物质形态和功能形态。前期的设计调研从某种意义上说，主要是将客观事物中与产品相关的信息因素进行收集、分类、排序、提炼。而其目的是为了接下来要进行的产品设计定位，设计定位阶段主要是基于设计调研的主观性创意活动。有同学会问："老师，我的调研报告有那么多的信息，我不知道怎么运用这些信息给产品进行定位。"还有一些同学会问："老师，我觉得我的产品定位和我做的设计调研没什么直接关系。"这些都是学生没将客观的调研信息通过主观的意识处理而导致的，也就是没有正确的产品定位思路。那么产品设计的定位应该是怎样的呢？如果说产品也是一种信息的话，它要有信息的输出者和信息的接收者，显然设计和生产就是输出，消费人群的购买就是接收。所以产品的定位应该从这两个角度入手。一方面，是以对消费者为主要研究对象的受众人群的定位分析；另一方面，就是以产品的现有设计和生产因素进行产品造型的定位意象。两者是相互联系的、制约的和互动的。为了便于理解，下面的论述将二者分别进行。

一、受众人群的定位分析

任何一个消费者购买产品时都是要满足自己的某种需求，既包括对产品使用功能的需求又包括对产品审美情趣的满足。所以对不同的受众群体而言，有着不同的精神需要。设计定位的一个重要工作就是对市场上的消费群体做出详细的划分，我们就以一个案例

来具体地讲解。本案例是松下公司对某款DVD播放机设计的受众人群定位分析，设计人员将市场上DVD播放机的主要购买群体进行了分类，分为SERIOUS、SOPHISTICATED、FUTURISTIC三类概念群体，又对三类概念群体做了分别的定义：

SERIOUS：
High Definition
Distinctive
Stern
SOPHISTICATED：
Refine
Elegant
Timeless
FUTURISTIC：
Innovative
Intelligent
Refreshing

第一类为严肃庄重型群体，其对产品渴望的价值观念趋向于高清晰度、独特的、精雕细琢的。这一类人群都有较强的理性思维，对事物的辨别黑白分明，评判事物的标准比较严格甚至苛刻。多数为经济富足的高端人士和社会精英（如图4-1）。

第二类为久经世故型群体，其对产品渴望的价值观念趋向于高雅的、优美的、永恒的。这一类人群融合了理性和感性两种思维，有强烈的浪漫主义情节，对事物的想象比较富有弹性和张力。多数为有较高文化层次与审美修养的主流人士（如图4-2）。

第三类为前卫另类型群体，其对产品渴望的价值观念趋向于创新的、智能的、新鲜感的。这一类人群是依靠感性生活的异族，具有未来主义的特质，喜欢创新和颠覆过去，往往会引领时尚和潮流。多数为

图4-1

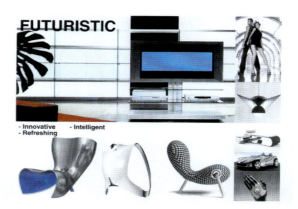
图4-3

图4-2

从事时尚和创意产业或前沿领域的年青一代（如图4-3）。

通过上面的案例分析，我们可以根据要设计产品的消费市场对产品的受众人群进行细致的划分，这样为我们将产品创意概念视觉化提供了直观的精神层面和情感化的信息。

二、产品造型的定位意象

作为一名设计人员，除了要针对市场及消费者进行设计定位，还必须依据当下行业的设计现况和生产技术标准来进行产品的定位。这一部分的定位主要是对当下产品的造型的定位，包括对产品形态、结构、材质、色彩等与产品设计和生产相对密切的信息因素

的定位划分。

依据分析目前国内外知名产品的设计和生产等总体标准呈现的产品造型特征，对现有产品造型做出六种造型趋势的定位：

（1）体验感、仿真的具有迷惑性视觉语言，是一种幽默化在产品设计上的应用，多用于娱乐性产品设计（如图4-4）。

这类产品造型上多以仿真具象的事物，材质多采用塑料、木材等易加工的材料，色彩以写实手法居多。

（2）有机的、生态的、活泼的视觉语言应用于现代产品，线条柔软、圆润，让人有亲切感（如图4-5）。

这类产品造型多运用仿生形态或流线型风格，色彩多运用高明度、高纯度，材质基本以现代材料为主。

（3）具有雕塑感、动态的、具有尖锐边缘的视觉语言强调面与面衔接处的精雕细琢，不同于传统圆润线条的反折线处理，呈现出一种具有生长感的锐利边缘（如图4-6）。

这类产品工艺上与传统不同，材质应用的范围也很广泛，从硬质到软质都有使用。色彩以辅助体现形态生长感的灰色调较多。

图4-4

图4-5

（4）有力的、强壮的具有防范性的视觉语言，将复杂的结构有组织地外露与强化，多用于户外产品及运动休闲产品（如图4-7）。

这类产品造型夸张，比例和尺度与传统的相比强化许多，色彩大量运用对比色，色相为原色，纯度和明度都较高，多用金属和硬塑料材质。

（5）复古的、经典的视觉语言应用于现代产品，受已逝岁月灵感的激发对怀旧情感的重新解读（如图4-8）。

这类产品是以已经流行过的经典产品的造型为基础，进行再设计，所以基本都能看出过去产品的影子，有的甚至只改变了材料，形态和色彩并没有变化。还有一部分是使用木材、皮毛等传统材质来获得复古的风格。

（6）高技术感的、简洁的视觉语言，精致的构件外露，标准化，模数化的，冷峻的，一种久经世故的简单（如图4-9）。

这类产品造型主要体现出产品制作的工艺和技术，线条多运用规则几何，色彩多以体现太空感的银色和亮灰色，材质多为最先进的合成材料和特殊肌理。

上述六种造型趋势定位是比较系统的划分，还有一些个性化和特异性的造型趋势大家也要关注，但基本上我们能依据这六种定位所提供的意象语言来给产品视觉化。

图4-6

图4-7

图4-8

图4-9

图4-10

第二节 ///// 概念草图

一、概念草图的作用和目的

1.概念草图的作用

产品视觉化的第一步就是概念草图（concept sketch）的绘制，概念草图主要是用来记录快速闪过头脑的灵感和想法，强调快速记录、关系明确、视觉上便于交流的特点，不必拘泥细节，但要有结构关系和空间关系（如图4-10）。

概念草图的作用有以下几个方面：

(1) 对设计创意的快速记录；

(2) 强化产品的整体形态；

(3) 明确产品组成部分的结构关系；

(4) 探讨产品使用的人机关系；

(5) 对产品所处环境的预想；

(6) 初步的色彩和材质设想。

2．概念草图的目的

概念草图的一个误区就是将快速记录和视觉交流两个目的混淆，所以有许多同学把设计速写（如图4-11）当成概念草图，这是片面地理解了快速记录目的的结果。一幅真正意义上的概念草图是完成两种转化，一种是将大脑中的思维通过快速简洁的图形和色彩符号转化成自己能够读懂的视觉符号（私密性语言）；另一种是将这种具有私密性的视觉符号转化成能让产品设计相关专业人员和客户读懂的学科性视觉语言和公共性视觉语言。这两种转化的标准可以用一个词"眼见为凭"来形容。

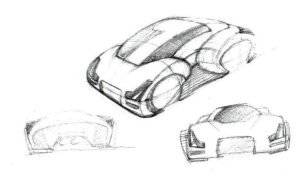

图4-11

二、概念草图的类型

根据概念草图的作用和目的的描述，在这一节中我们要有针对性地分别讲解满足不同要求的概念草图，虽然这些不同要求会在一张草图中同时都出现，但是为了让同学们更深刻地理解每类概念草图的具体要求，特此将其逐一讲解。

1．表达产品形态的草图

设计的基础是对形体的把握，产品概念草图的第一个任务就是要将整体形态表现出来，我们在学习素描和色彩时老师经常说要强调大型，再看看以手绘效果图闻名的刘传凯、朱峰的手绘概念草图，都用较重的笔触勾勒形态的外轮廓，这都是在让人感受方案的整体效果，因为一个产品的第一印象，往往是决定后期设计的基点，那些久经商场的客户都具有慧眼认珠的能力。一个设计人员必须要对产品形态的整体感受作出敏锐的判断，这是一件长期才能练就的本领，练习的方法就是大量的画图。以下是我个人总结的加强产品形态整体感的几个技巧：

（1）利用夸张的透视效果（如图4-12）。

（2）用较粗重的笔触加重产品的轮廓线。但是不

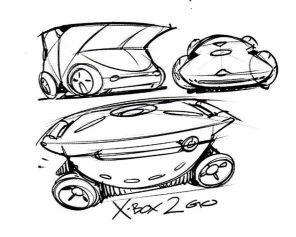

图4-12

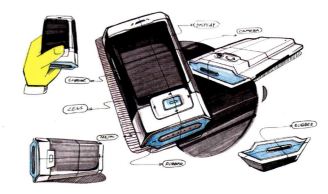

图4-13

能一概而论，比如绘
制较浑圆和饱满的形
态时，轮廓线要有轻
重对比，这样会增加
形态的整体感（如图
4-13）。

（3）可以通过
形态投影来强调形态
本身的整体性（如图
4-14）。

（4）对造型类
似的形态进行归类表
现，然后在这类造型
旁边绘制与其对比强
烈的造型形态，例如
一组趋于方体的形态
与一组趋于圆球体的
形态对比绘制（如图
4-15）。

上述技巧应结合
学生的实际绘画基础
和特点有选择性地训
练，也可以衍生出新
的技巧。这类概念草
图最重要的就是要达
到强化产品的整体形
态。

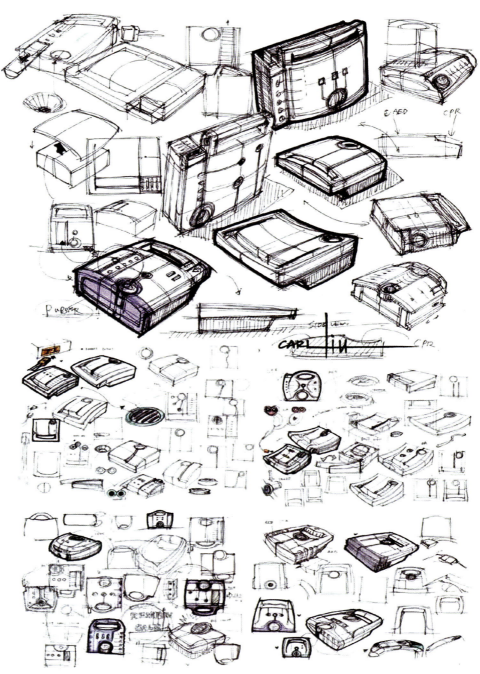

图4-14

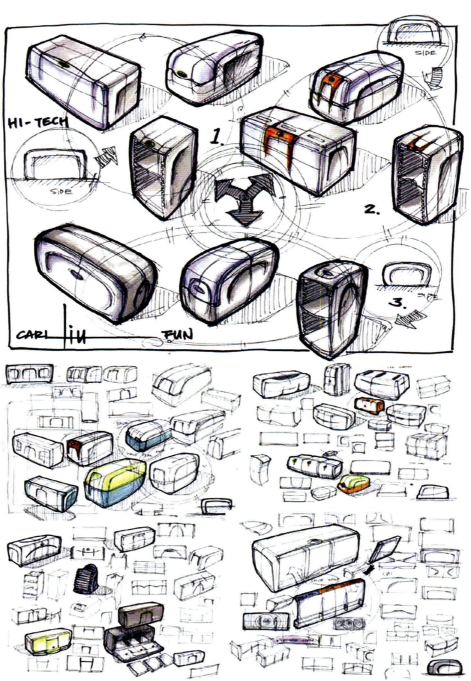

图4—15

2.表达产品色彩的草图

色彩学理论指出，色彩要先于形状通过眼睛反映到人的大脑中，所以我个人认为在概念草图这一阶段，对色彩的要求应该是只要有基调就可以，后期有细致的色彩设计环节来对产品的色彩进行系统的设计。概念草图中的色彩主要用于感性地赋予产品一种颜色表情，是整体的而不是细节的。以下是概念草图阶段，设计师在色彩方面应该初步探讨的几点：

（1）对能说明设计创意主题的色彩基调的探讨（如图4-16）。

（2）对与产品形态相适应的色彩的探讨（如图4-17）。

（3）对具有指示功能的色彩进行尝试（如图4-18）。

（4）对区别于传统的产品用色的创新用色的尝试（如图4-19）。

上面虽然提到概念草图阶段的色彩要求不作为重点来研究，但也不是说忽视色彩设计，任何成功的产品设计都是将设计要素同时进行考虑的，所以同学们也应该在概念草图中体现出色彩设计方面的因素。

图4-17

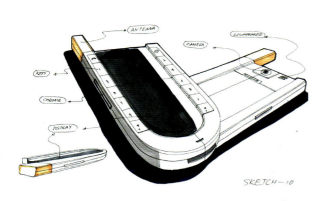

图4-16

图4-18

图4—19

3.表达产品结构的草图

概念草图阶段另一个相对重要的部分就是对产品结构的表现，我们首先要知道什么是产品的结构，产品的结构一般分为外观结构和工程结构两部分，两者是对应的关系，外观结构的变动将导致工程结构的改变，在表达产品形态的草图中我们就要表达出产品的外观结构，但是并不是重点表现的对象，而在表达产品结构的草图必须结构的表现为主。通常设计师会通过以下集中方式来表现产品结构的：

（1）外观结构。

①结构线的运用

②凹凸结构的表现（如图4—20）。

③转折结构的表现（如图4—21）。

（2）光影的运用。

①圆角结构的表现（如图4—22）。

②孔洞结构的表现（如图4—23）。

（3）工程结构。

①爆炸图的运用

②部件之间的连接结构（如图4—24）。

③部件之间的组合结构（如图4—25）。

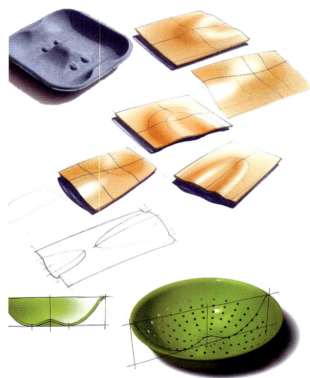

图4—20

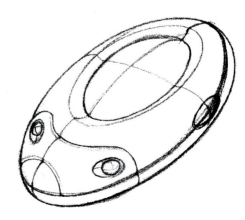

图4—21

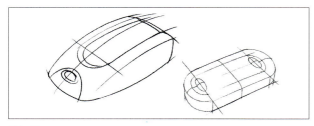

图4-22

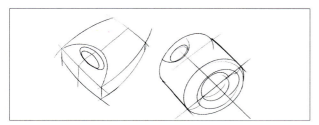

图4-23

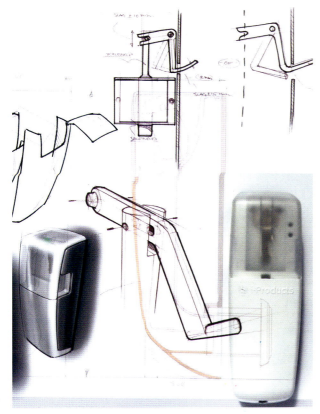

图4-24

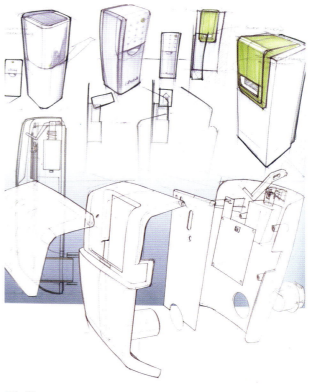

图4-25

（4）剖面图的运用。

①厚度的结构表现（如图4-26）。

②深度的结构表现（如图4-27）。

③曲度的结构表现（如图4-28）。

4.表达产品材质的草图

产品设计中对材质的表现也是比较明确的，但在概念草图阶段也和色彩一样，能够清楚地表现出不同的材质就可以，不必非常细致，因为后期设计时要参考结构工艺设计师的意见，他们的意见非常重要。产品中的材质主要包括木材、玻璃、陶瓷、塑料、金属、皮革及纺织品等，一般表现这些材质主要通过上个方面来完成。

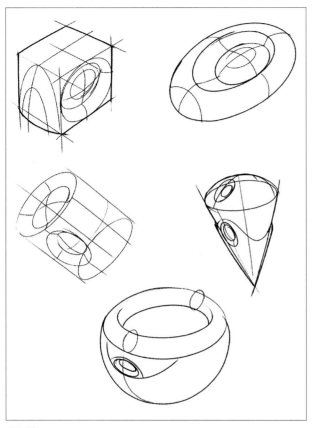

图4-26

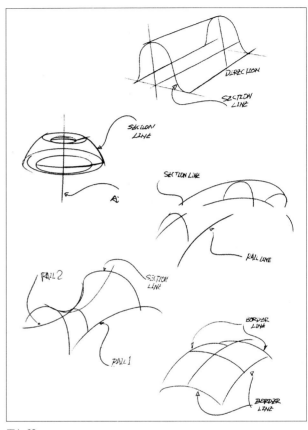

图4-28

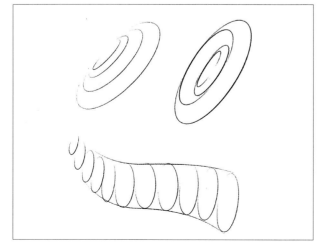

图4-27

（1）颜色。

①天然木材的颜色比较易表现（如图4-29）。

②其他材质无法通过颜色区。

（2）透明度。

玻璃的透明度和塑料玻璃的透明度易表现（如图4-30）。

（3）光泽度。

①金属和陶瓷的光泽度高（如图4-31）。

②塑料和皮革的光泽度其次（如图4-32）。

③木材、纺织品的光泽度较低（如图4-33）。

图4—29

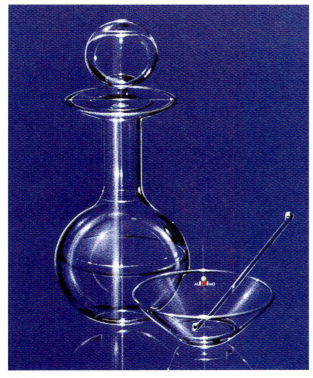

图4—30

图4—31

图4—32

图4—33

5.表达产品人机的草图

大多数产品都是为人类服务的，在设计的创意上也多以创造一种更为简便快捷、舒适合理的人机关系为上佳设计。表现人机关系的概念草图主要包括下面几种情况：

（1）头与产品。

头盔设计、帽子设计、眼镜设计、耳机（听说设备）设计（如图4-34）。

（2）手与产品。

手持设备设计、动手操作产品设计、手部佩带产品设计（如图4—35）。

（3）脚与产品。

鞋设计、脚部操作产品设计（如图4-36）。

（4）身体与产品。

与身体相对位置关系的产品设计（交通工具、坐具、卧具、大型工作设备等），身体佩带产品的设计（服装产品设计、医疗护具设计等）（如图4-37）。

6.表达产品使用环境的草图

从系统设计的角度讲，任何产品都不是独立存在的，都将和周围环境发生着千丝万缕的联系。在概念草图中为了让读图者明确产品与所处环境的关系，以便于交流和探讨，就必须绘制关于产品与环境关系的图示。相对比较重要的有以下几种关系：

（1）产品形态与环境形态的关系（如图4-38）。

（2）产品色彩与环境色彩的关系（如图4-39）。

（3）产品比例和尺度在环境中的空间关系（如图4-40）。

图4-34

（4）产品使用过程对环境的交互关系（如图4-41）。

（5）产品非物质层面与环境非物质层面的关系。

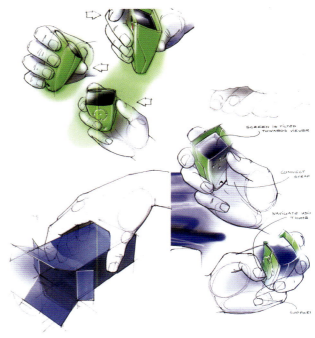

图4-35

图4-36

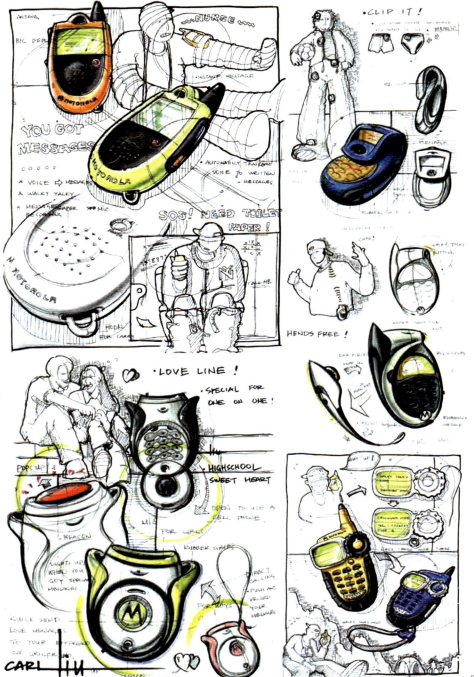

图4-37

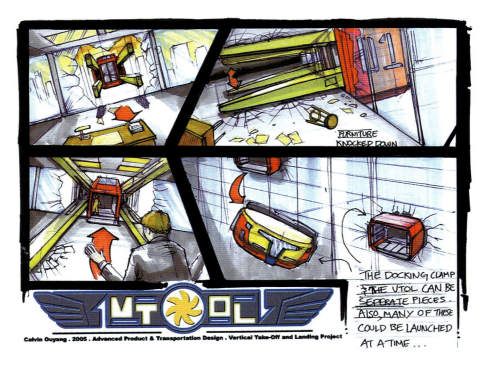

图4—38

图4—39

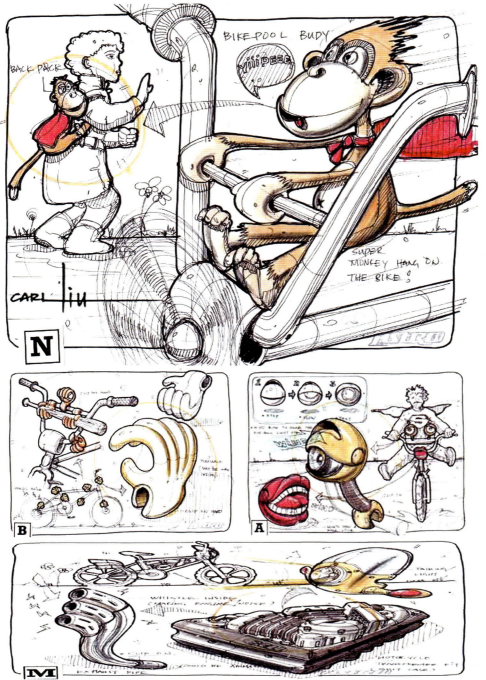

图4—40

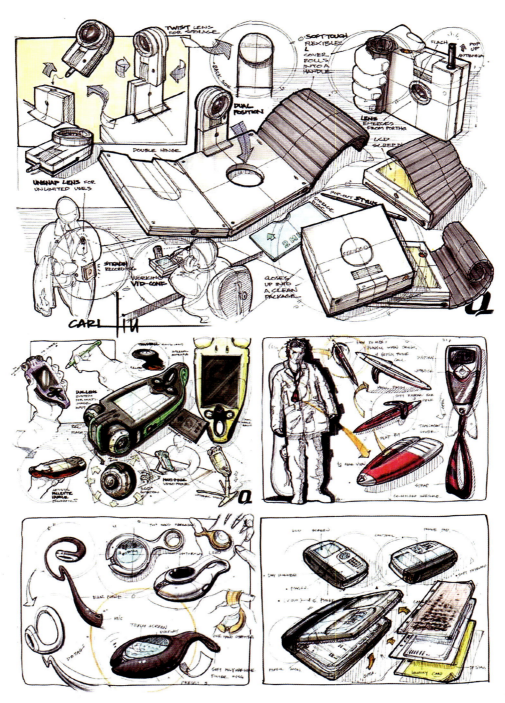

图4-41

有同学会提出这样的问题："老师，我们这么早的就将产品置身在所处的环境中，其和真实的环境能够不完全一样吗，有这个必要性吗？"其实，有很多设计是创造以前从来没有的产品和使用方式，在这种条件下，没有我们可以借鉴的以往产品与环境关系的经验来参考，在概念草图阶段进行未来产品和环境关系的预想是因为，要在设计前期就确定这种关系，然后在设计的整个过程中对其进一步地推敲和完善，这样才能比较接近未来产品和环境的真实关系。

第三节 //// 方案优化（效果图、色彩、肌理与材质等）

一般在正规工业设计公司中，设计团队会从几十或几百个设计草案中提炼出三到五个方案进行设计方案优化，这三到五个方案在创意和想法上比较完善，而在产品的相关造型因素上就需要细致的设计和绘制了，以便接近真实产品的效果。在计算机辅助设计不发达的时期，这一阶段主要是手绘精细效果图。但是今天的计算机辅助设计在工业设计领域中应用得十分广泛，主要是因为与传统的手绘精细效果图相比，电脑效果图更加逼真、易于修改，也可以方便地复制和传输，甚至与制造加工进行对接。这一阶段也叫Rendering（国外的叫法，译为渲染效果图）阶段（如图4-42），开始我们已经提到这一阶段主要是以计算机辅助设计为主，主要完成产品形态的细化、产品色彩方案设计、产品材质与肌理方案设计，以及虚拟产品三维环境中的效果等。

一、产品效果图方案

1.产品的二维效果图

在工业产品设计中主要用Photoshop、Illustrator、CorelDraw来绘制产品的二维效果图，三者各有所长也各有不足：

Photoshop是位图格式的图像编辑软件，可充分表现产品的质感和真实感，但是对于轮廓绘制不太精确，而且像素低的话会影响图片的效果，像素高的话会占用大量的内存空间。

CorelDraw是矢量图格式的图像编辑软件，有很强的兼容性，可以在二维软件（Photoshop、Lllustrator）间格式转换，也可以在三维软件（Rhino、Pro/E）间格式转换，绘制时也比较智能化，对图形表现非常准确。

图4-42

Lllustrator也是矢量图格式的图像编辑软件，介于Photoshop与CorelDraw之间，有强大的色彩和文字处理功能，可以让使用者自由选择和应用。

三种软件在绘制产品二维效果图时，虽然具体的操作工具和命令不相同，但是绘制产品效果图的基本流程是一样的：

（1）轮廓绘制：

①将较细致的草图扫描后导入软件作为参考进行绘制。

②美术功底扎实和对软件操作熟练的同学可直接绘制。

③可先在三维软件中建立产品的草模，再导入二维软件中参考绘制。

（2）色彩填充：

①基本的色调。

②光影的变化。

③细部的变化。

（3）质感刻画：

①基本的材质。

②光影的变化。

③细部的变化。

产品二维效果图是产品方案优化的第一个环节，也是设计师和工程师以及客户对产品直观交流的重要手段，没有严谨和细致的产品二维效果就无法探讨产品实现的可行性。

2. 产品的三维效果图

随着计算机辅助设计技术的不断发展，不断地出现一些具有革命性的虚拟现实的技术，计算机三维建模和三维渲染技术的诞生和发展也催生出产品三维效果图在产品设计和制造领域的应用。目前在产品设计领域应用广泛的有Rhion、Pro/E、Alias、UG等三维设计和制造软件。

首先我们来了解产品三维设计技术的相关知识，

三维设计大致包括实体建模和效果渲染两个阶段，实体建模是通过三维建模软件，在计算机中建立三维的信息模型，可以虚拟现实中的产品空间关系和结构关系，有些三维软件甚至可以将建好的信息模型导入计算机辅助制造系统中生产出真实的产品。效果渲染，则是在信息模型的基础上通过渲染软件，赋予模型色彩和材质，以及模拟真实环境中光影的变化，以得到虚拟现实的效果，如果模型和渲染都比较完美的话，就会得到虚拟产品真实摄影一样的效果。所以产品三维设计的这些优点使其在产品设计过程中相对独立出来。逐渐形成以产品虚拟现实技术为主的一大门类，这里我们就不过多地涉及。

二、产品色彩设计方案

对于产品来说色彩设计是可以让产品商品化的一个快速通道，今天的消费者已经跨越了对产品性能要求第一位的基准，对产品形态和色彩的多样性和个性化需求与日俱增。

1. 产品色彩的布局

（1）对产品形态的色彩布局（如图4-43）。

（2）对产品发展阶段的色彩布局（如图4-44）。

（3）对消费者的色彩布局（如图4-45）。

2. 产品的标准色

产品色彩设计中比较重要的环节就是对色彩方案中所涉及的色彩的标准值的设定，从企业品牌战略的角度看，标准色是企业和产品能都被快速识别的手段，例如法拉力跑车的法拉力红，其颜色已经成为区别真假法拉力跑车的重要标准之一。在方案优化的阶段，设计师必须做好色彩的标准色的记录，一般在计算机软件中都有ＣＭＹＫ的标准色参考参数，这是为后来产品色彩定案后进行调色的可靠依据。

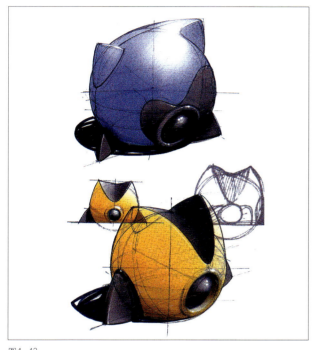

图4-43

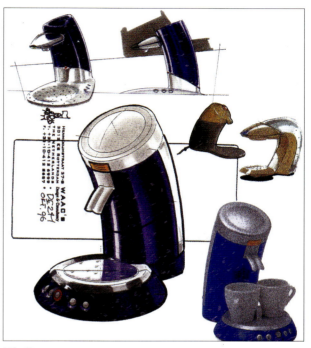

图4-44

3. 产品表面肌理与材质设计方案

产品的材质和肌理在方案优化阶段也是要予以考虑的，虽然在后期设计中的产品实体模型和样机模型阶段会更加细致地探讨产品使用的材质和表面的肌理，但是在优化产品形状、色彩的同时必须考虑产品的材质和肌理，这里主要列举几点产品设计中材质与肌理设计的注意事项：

（1）产品的材质和肌理要符合产品形态传达信息的要求（如图4-46）。

（2）产品的材质和肌理要和产品色彩协调统一（如图4-47）。

（3）产品选择材质要符合产品成本计划要求（如图4-48）。

（4）产品的表面肌理设计要结合现有技术工艺的特点（如图4-49）。

图4-45

图4—46

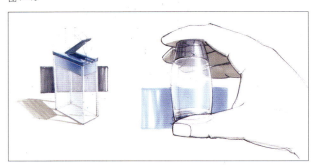

图4—47

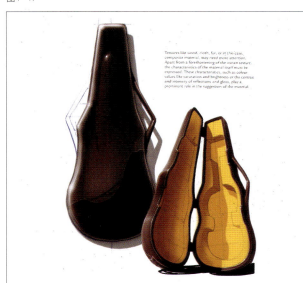

图4—48

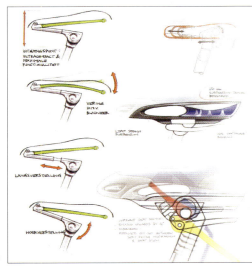

图4—49

[实训练习]

◎ 前期临摹优秀设计案例中的概念草图、产品二维效果图，要求按照本章节中介绍的相关知识加以指导。后期学生自己设计出产品创意，并绘制概念草图和产品二维效果图。

◎ 选择上题中比较好的产品创意对其进行产品方案优化。

◎ 收集和整理优秀的产品概念草图、二维效果图、三维效果图以及产品的色彩设计和材质与肌理设计的视觉资料，建立自己的产品视觉化资料库。

[复习参考题]

◎ 在计算机辅助设计飞速发展的今天，我们如何看待设计师手绘能力和设计软件操作能力的相互影响？

◎ 深入思考产品创意与产品视觉化之间的关系。

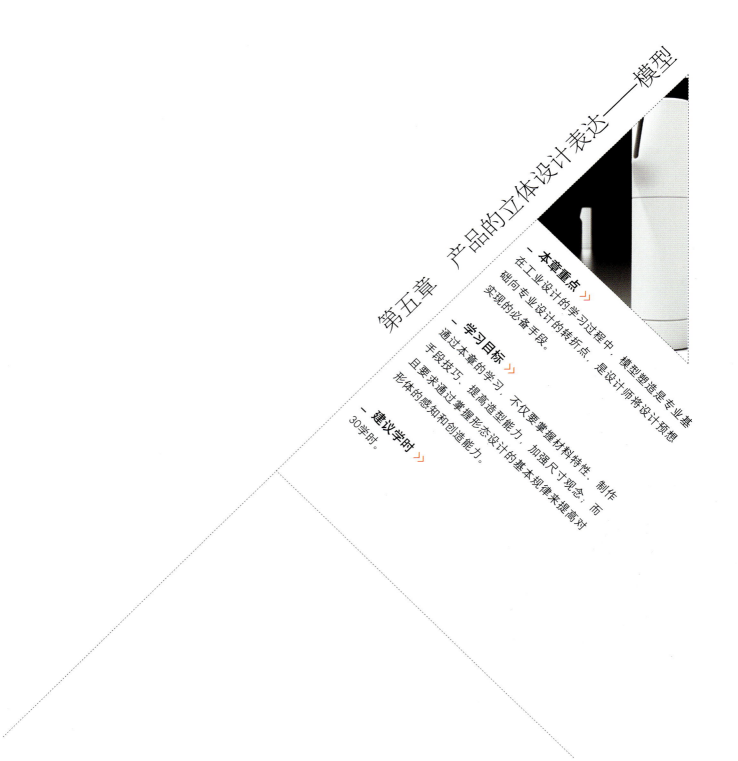

第五章　产品的立体设计表达——模型

一、本章重点 》

在工业设计的学习过程中，模型塑造是专业基础向专业设计的转折点，是设计师将设计预想实现的必备手段。

一、学习目标 》

通过本章的学习，不仅要掌握材料特性、制作手段技巧，提高造型能力，加强尺寸观念；而且要求通过掌握形态设计的基本规律来提高对形体的感知和创造能力。

一、建议学时 》

30学时。

第五章 产品的立体设计表达——模型

第一节 ////// 模型制作

产品设计的过程中，我们完成了设计图纸以后，最想做的一件事便是想知道自己设计的东西做成实物什么样、外观和自己的设计思想是否吻合、结构设计是否合理等。模型制作便是应这种需求而产生的。通俗点讲，模型就是在没有开模具的前提下，根据产品外观图纸或结构图纸（如图5-1）先做出的一个或几个，用来检查外观或结构合理性的功能样板（如图5-2）。

一、什么是模型

所谓模型（如图5-3），就是设计者按设计意图，根据设计图纸或仿照实物形象，利用各种材料、结构以及各种加工方法制造出来的，具有三维形态的设计表达形式之一。模型是产品从设计到实施过程中的一种交流语言。也许会有人说，现在计算机辅助设计的运用，也可以通过三维建模软件来获得立体的视觉形态，不是一样可以分析、评价设计吗？但是要知道，这种立体形态实际上也只是二维表现下的三维形象，两者之间表达的差异在于，计算机建模的立体形态是在模拟的三维空间中推敲产品形态，而模型制作是以实际的立体三维形态去验证抽象概念的二维平面立体形象。在虚拟现实技术已经很高的今天，在产品设计过程中仍然保留模型设计制作这一环节，表明了模型设计制作不可替代的地位与作用。

模型是新产品开发过程中的重要环节，它能充分反映检验产品的创意（Concept）推测出来的实物和实际生产出来的产品是否统一，能更有效地反映设计师的设计思想（Idea）。

由于模型与各设计阶段相互关联，借助模型可以

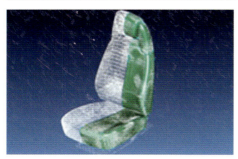

图5-1 汽车坐椅设计图纸

图5-2 汽车坐椅模型及制作过程

图5-3 汽车设计模型实物

在产品正式投产之前对设计进行展示、交流、研讨、评价、实验与综合分析，与此同时模型为验证各种设计指标提供了实物依据。

（1）通过模型进行产品功能、结构设计的合理性分析；

（2）借助模型研究人—机—环境之间的协调关系问题；

（3）分析产品表面色彩、材质肌理、造型形态的运用是否符合产品特点及其心理感受；

（4）利用模型研究，试验新科学、新技术、新材料、新加工工艺在产品设计中实际应用的可能性。

短开发周期、预测产品市场销售前景、避免盲目生产投入、进行产品生产成本核算、确定产品是否批量投产等。

二、模型制作的必要性

模型制作是现代工业产品设计过程中的关键环节。在设计中发挥着重要作用，通过模型制作不但可以掌握立体表达设计的方法，实现创造性的设计过程，还可以作为实物依据来展示、评价、验证设计，利用模型能提前预测、反馈、获取各种设计指标，提供了由设计到生产之间的过渡环节。模型制作是综合体现设计内容检验设计正确与否的有效方法。

1.检验外观设计

模型不仅是可视的，而且是可触摸的，它可以很直观的以实物的形式把设计师的创意反映出来，避免了"画出来好看而做出来不好看"的弊端。因此模型制作在新品开发、产品外形推敲的过程中是必不可少的。

2.检验结构设计

因为模型是可装配的，所以它可直观地反映出结构的合理与否，安装的难易程度。便于及早发现问题，解决问题。

3.避免直接开模具的风险性

由于模具制造的费用一般很高，比较大的模具价值数十万乃至几百万，如果在开模具的过程中发现结构不合理或其他问题，其损失可想而知。而模型制作则能避免这种损失，减少开模风险。

4.使产品面世时间大大提前

由于模型制作的超前性，你可以在模具开发出来之前利用模型作产品的宣传，甚至前期的销售、生产准备工作，及早占领市场。

产品模型制作是创造性地进行设计实践的过程。在设计表现中经过对形态、尺度、结构、色彩、材料等因素的反复推敲与调整过程，不断获得各种直观感受，由此引发设计联想。通过综合设计表现过程，可以非常真实、全面地对设计内容进行分析与研究，找出设计中存在的缺点与不足，不断补充和完善设计。

三、模型制作的原则

模型制作的过程既是设计理念表现的过程，同时也是设计理念再勃发、再整理的过程，是设计理念得到完善，设计物趋于完美、合理化的过程。同其他设计表现手段一样，产品模型制作也有其自身的规律与原则可遵循。

1.思考性原则

模型制作是一项立体化的、具有较强实践性的工作，其过程绝不是单一的模型加工过程。模型制作过程中应对设计构思的材、色、质、型等因素进行周密、全面、反复的思考、改进和完善，对设计理念与设计思维进行不断纠偏、深化。可以说，对设计构思不断地缜密思考、推敲贯穿于模型制作过程的始终，往往一些新的设计灵感便来源于模型制作过程。在设计理念被不断整理的同时，思考、总结、探索更合理的模型制作工艺、方法、流程也是此阶段必不可少的工作。

2.创新性原则

在模型制作过程中，创新性原则主要体现在设计构思创新与制作工艺材料的创新上。伴随着模型制作的进程，设计者与模型实体之间存在着一定"互动效应"，思维与实践的"差距"常常成为创新的"源泉"，尝试与比较是必要的创新过程。同时，模型的制作带有一定的"巧夺天工"的色彩，合理地运用新材料(或替代材料)、新工艺，从而低成本、高效地完成模型制作也需要不断地创新与探索。

3.制造性原则

模型制作的过程也是一个设计理念与实际制造生产不断碰撞、贴近的过程，现有的加工工艺、制造手段是模型制作过程中必须考虑的原则。预测采用何种材料生产、何种加工工艺生产制造，这是模型制作必须面对的问题，并且贯穿于模型制作的各个环节。

4.环境性原则

从模型材料来源角度、模型制作所采用的材料大致划分为两大类：一是未来实际产品所采用的材料；二是为了制作高效、降低成本所采用的替代材料。无论采用何种材料，其材料自身、加工手段及后期喷涂、修饰过程均应遵循"环境性"原则，不能对环境和他人造成危害，这也是设计师的职责所在。

模型作为设计理念的载体，是设计理念得以传达、表现的方式和手段，产品模型的制作过程，是将设计理念转化为实体的表现过程，是设计师设计思维的物化过程，是严谨、科学的过程，也是一次再设计的过程。产品模型应该全面准确地传达设计理念。作为设计师则要了解一定的材料学、加工制造工艺及涂饰等知识，在不断实践中总结经验，借助模型这种表达手段创造出优秀的作品，满足人们的需求，完成自身的责任。

第二节 ///// 模型的分类

一、草模型

草模型（如图5-4、图5-5），又称研讨性模型，一般是指在设计的初期阶段对形态进行初步推敲，或对设计局部的结构、工艺设计进行制作的初步实体形态。草模型其主要功能就是在设计过程中用于推敲论证设计的可行性。草模型通常采用黏土、油泥、陶土、石膏等廉价塑形材料快速成型，是验证产品造型方案是否符合实用、经济、美观、安全、舒适、文脉传承、环保等设计原则的有效手段。这类模型制作具有高效、快速记录设计构思的特点，在捕捉设计灵感的初级阶段尤为适用。

图5-4 用油泥制作的草模型

图5-5 用石膏材料制作的草模型

二、仿真模型

仿真模型，又称实体模型，是介于设计与生产制造之间的实物。由于该类模型真实感强，传达设计信息全面，具有良好的可触性、可视性、可虚拟操作性，因而可以作为样品直接进行展示。这类模型的制作是模型制作的高级阶段。在具体制作实施时，应尽可能选用和真实产品一样的材料，同时兼顾真实产品的结构、机能、品质及人机关系、形态特点，注重外观及内部机制的相对真实性、完整性，以达到良好的视觉、触觉、听觉及心理的感知、认知效果。仿真模型通常采用玻璃钢、塑料、木制、硅橡胶和金属等材料。下面我们重点介绍一下玻璃钢仿真模型和塑料仿真模型。

1.玻璃钢仿真模型

用玻璃纤维来增强塑料俗称玻璃钢。玻璃钢主要由玻璃纤维与合成树脂(热固性树脂)两大类材料组成，它是以玻璃纤维及其制品(玻璃布、带、毡等)材料来增强塑料基体的一种复合材料，玻璃纤维起着骨架作用，而合成树脂主要作用是和玻璃纤维两者共同承担载荷，所以玻璃纤维又称为骨材或增强材料，树脂称为基体或胶粘剂。塑料基体可以是不饱和聚酯树脂、环氧树脂或酚醛树脂。

不饱和聚酯树脂的种类较多　是液态透明或半透明黏稠状物体。加入固化剂、促进剂以后，可固化成型、固化剂、促进剂的投入量可控制树脂的固化时间，在固化反应之前树脂仍呈液态状，利用这一反应特性在树脂固化之前采用手工方法制作，可以通过模具裱糊制作出形态复杂的玻璃钢模型。

不饱和聚酯树脂固化成型后强度、硬度较高，但刚性较差。固化反应过程中产生热量，易出现热收缩现象。由于玻璃铜主要由树脂和玻璃纤维组成。玻璃纤维及其制品对玻璃钢的质量能产生比较明显的影响，如玻璃纤维织物的经纬方向变化、纱捻粗细变化、织物孔径大小以及玻璃纤维自身的质量都会对玻璃钢造成影响，使得玻璃钢各方向受力不均易发生变形 套装购买的树脂含固化剂，促进剂、固化剂为五色透明液体。促进剂呈紫色液体，购买的套装树脂应尽量一次性使用完毕，如需保存，要密闭放置在阴凉干燥处。

玻璃钢适于制作交流展示模型和手板样机模型（如图5-6）。

图5-6 玻璃钢仿真模型

2.塑料仿真模型

构成塑料的原料是合成树脂和助剂（助剂又称添加剂），合成树脂种类繁多，如果按照合成树脂是否具有可重复加工性能对其进行分类，可将合成树脂分为热塑性树脂和热固性树脂两大类。热塑性树脂如：聚乙烯树脂、聚丙烯树脂、聚氯乙烯树脂等，在加工成型过程中一般只发生熔融、溶解、塑化、凝固等物理变化，可以多次加工或回收，具有可重复加工性能。热固性树脂如：不饱和聚酯树脂、环氧树脂或酚醛树脂等，在加热或固化剂等作用下发生交联而变成不熔，不熔不能够再进行回收利用。丧失了可重复加工性。助剂主要包括稳定剂、润滑剂、着色剂、增塑剂、填料等。根据不同用途而加入的防静电剂、防霉剂、紫外线吸收剂、发泡剂、玻璃纤维等能使塑料具有特殊使用性能。

由于树脂有热塑性和热固性之分，加入添加剂后分别称为热塑性塑料和热固性塑料。利用塑料的加工特性，合理选用热塑性塑料和热固性塑料均可作为产品模型制作的材料。热塑性塑料的半成品材料具有较好的弹性、韧性、强度也比较高，其质地细腻，表面光滑，色泽鲜艳，常见的无色透明、红、蓝 绿、黄、棕、白、黑等颜色。

热塑性材料遇热变软、熔化，具有良好的模塑性能。另外，热塑性材料具备机加工性能，可以进行车、铣、钻、磨等加工，通过模塑加工或机加工成型后的模型精致、美观，适于制作展示模型与样机外壳。热塑性塑料也有易变形、刚性差等缺陷，采用塑料制作模型成本较高，加工过程中对设备、工具及制作技术要求等都比较严格。手工模型制作中常使用聚甲基丙烯酸甲酯(PMMA有机玻璃)、丙烯腈、丁二烯、苯乙烯(ABS)、聚氯乙烯(PVC)等热塑性塑料作为模型材料。热塑性塑料同样适于制作交流展示模型和手板样机模型（如图5-7）。

图5-7 塑料仿真模型

三、实物模型（Mock-up）

实物模型是产品建模最终阶段的结果，它从产品及其构成的角度确定产品及其构成元素的详细特性，确定产品的使用状态特性。实物模型是在投入生产之前与设计的产品外观完全一样，并且装有机芯，可以工作的真实产品模型。设计师在制作实物模型时，首先要使实物模型图符合产品设计要求并根据模型制作工艺的特点绘制出模型图样，然后以此为据制作出样机模型。

实物模型（如图5-8）不仅在造型、结构上与产品图样相符，而且模型内部的空间结构与设计图样也基本相同，通过实物模型可以将产品的功能如实地演示出来。设计师通过实物模型与其他开发人员一同进行装配结构关系、设计参数定义及制造工艺等的研讨，估计模具成本，进行小批量的试生产。因为实物模型不但要满足外观造型与使用功能要求，而且还要进行演示，故工业设计中的实物模型多用塑料或实际产品本身所需材料制作而成。

模型制作是实现工业设计创意中艺术与科技相结合的设计手段，是工业设计产品的功能、技术与艺术在高度融合中最为关键的一步，并且整个模型制作的过程与设计过程间有着不可分割的内在关系。所以，无论是作为一个工业设计专业的学生，还是作为一个工业设计师，都必须了解设计中的重要方法——模型制作。通过熟练地掌握模型技术，将它运用于设计中，为人们设计

图5-8　用快速原型技术制作的产品模型

出更好的产品,通过设计来提升人们的生活质量,使设计能够真正做到"以人为本"。

四、FDM三维快速成型技术

FDM技术可以将电脑中虚拟的三维产品设计构想快速、精确而又经济地生成可触摸的物理实体,比将三维的几何造型展示于二维的屏幕或图纸上具有更高的直观性和启示性。设计人员可以更快、更易地发现设计中的错误。更重要的是,对成品而言,设计人员可及时体验其新设计产品的使用舒适性和美学品质。FDM生成的模型也是设计部门与非技术部门交流的更好中介物(如图5-9~图5-11)。

图5-10 电脑效果图

图5-11 FDM快速成型打印三维模型

图5-9 FDM快速成型机

第三节 ///// 产品模型欣赏（如图5-12~图5-17）

图5-12　康佳工业设计研究所的概念设计模型-1

图5-14　康佳工业设计研究所的概念设计模型-3

图5-13　康佳工业设计研究所的概念设计模型-2

图5-15　几种韩国产品实物模型

图5-16 塑料仿真模型和木制仿真模型

图5-17 系列概念汽车设计仿真模型

◎ 熟练掌握产品外观尺寸的测量方法。

◎ 了解各种材料的性质和加工工艺。

◎ 选择合适材料、按一定比例制作产品模型一个。

[复习参考题]

◎ 作为一个产品设计师，产品模型制作在产品设计中的作用是什么？

◎ 在产品模型制作中应该注意哪些方面？

第六章 产品设计实训案例分析

一、本章重点》
通过前面的理论学习，使学生基本上掌握了产品设计的基本要求和表现方式。这一章经过设计实训案例分析，以进一步加强对设计过程的理解与掌握，提高实践能力。

一、学习目标》
掌握产品设计的特点，明确设计目标，加强设计的创造性思维能力和表现能力。

一、建议学时》
20学时。

第六章 产品设计实训案例分析

咖啡具设计的研发案例

一、产品概念提出

咖啡具设计的概念的提出要经过对市场上已有产品分析总结后，针对产品在形式、定位和价格等角度提出新的概念：

(1) 保持原有产品基本功能特点的同时，开创独特性和创新性。

(2) 经济价位保证在中档产品。

二、关于咖啡具的市场调查

1.市场调查问卷的设计

咖啡具与其配套产品的市场调查：

(1) 器具的品牌；

(2) 器具的款式、色彩；

(3) 器具的使用方式；

(4) 价格；

(5) 使用年限；

(6) 品尝咖啡的形式；

(7) 选购咖啡的动因；

(8) 生活中咖啡的作用。

选用咖啡具购买者统计：

(1) 个人行为；

(2) 集体行为。

2.咖啡具的调查结果分析

通过调查发现，咖啡作为时尚饮品人们对它青睐有加。因此，咖啡盛装器具的设计不仅要在功能的设计中考虑，同时还要将咖啡具传达给使用者的美好的精神感受融入到设计中来。

3.定位消费者喜欢颜色的调查分析

对色彩的偏好，和消费者的年龄差别、民族等非常有关，针对中国的消费者更倾向于民族喜好的颜色，从20~30岁被调查的群体来看，多彩化、简洁化、个性化有上升趋势。

4.使用方式调查分析

从调查中可以看出，咖啡具可以是家庭性个人使用，也可是店铺中的个人使用，中国人自古就有饮茶的喜好，因此，尽管饮用咖啡是西方饮食文化的传入，但是在设计和使用中还是会体现中国特有的饮食习惯，同时设计中还要充分体现多元化和人性化的设计元素。

5.价格调查分析

产品的价格定位直接影响到设计和销售，从调查分析中总结。

三、方案设计的确定

1.根据市场调研结果，确定此次设计的研发方向

(1) 简洁性、时代性、民族性；

(2) 易用性。

2.草图设计方案

草图方案特点：

(1) 承装容量较大的需求满足；

(2) 形态吸取大海中海螺的外形；

（3）形态吸取大海中海带的外形；

（4）形态吸取大海中海豚的外形；

（5）通过符号化将产品系列化（如图6-1、图6-2）。

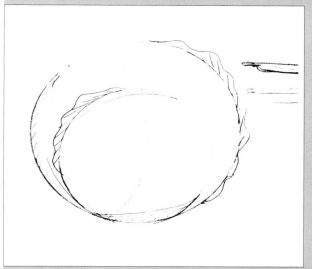

图6-1

图6-2

3.咖啡具设计方案

根据概念草图的可行性分析，确定设计方案，完善尺寸（如图6-3、图6-4）。

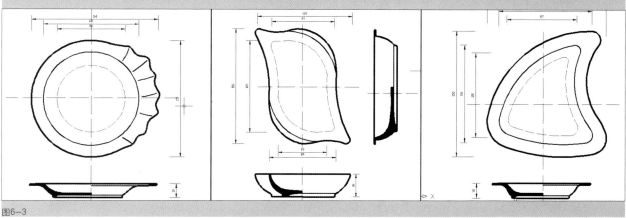

图6-3

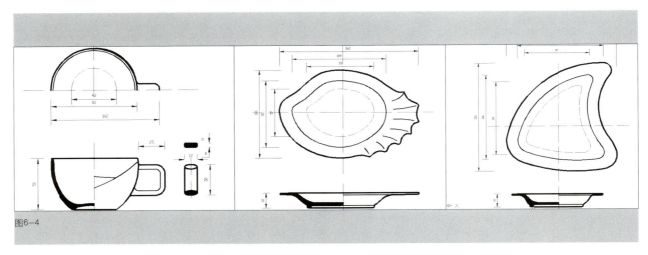

图6—4

4. 模型制作

当设计方案确定后，首先需要先用石膏做一个体量的草模，这样的目的既是为了检验设计方案的整体的体量感，通过三维实体的表现和创意构想进行比较，然后考虑是否要进行局部细化的改动(如图6-5、图6-6)。

图6-5

图6-6

这也是翻模制作过程的一部分，然后对细部进行修正（如图6-7、图6-8）。

图6-7

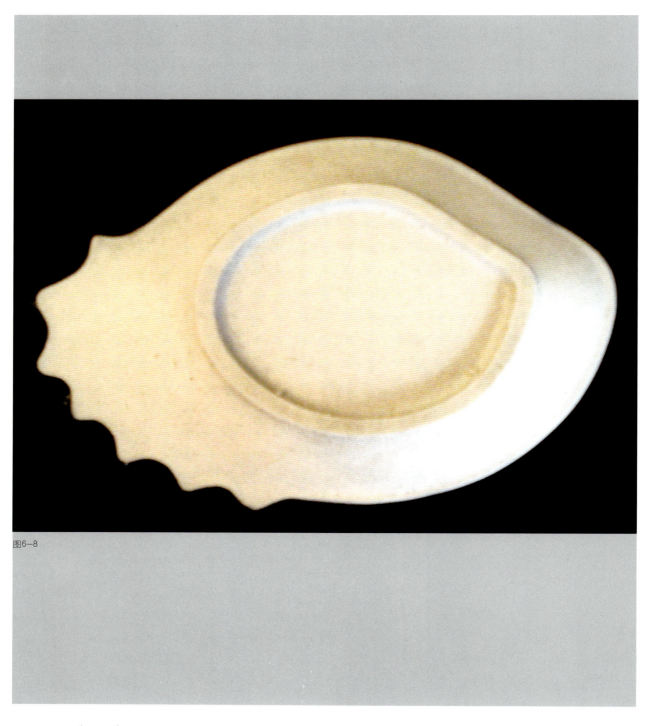

图6-8

翻模的模具制作完之后，就进行翻模的程序
（如图6-9～图6-14）。

图6-9

图6-10

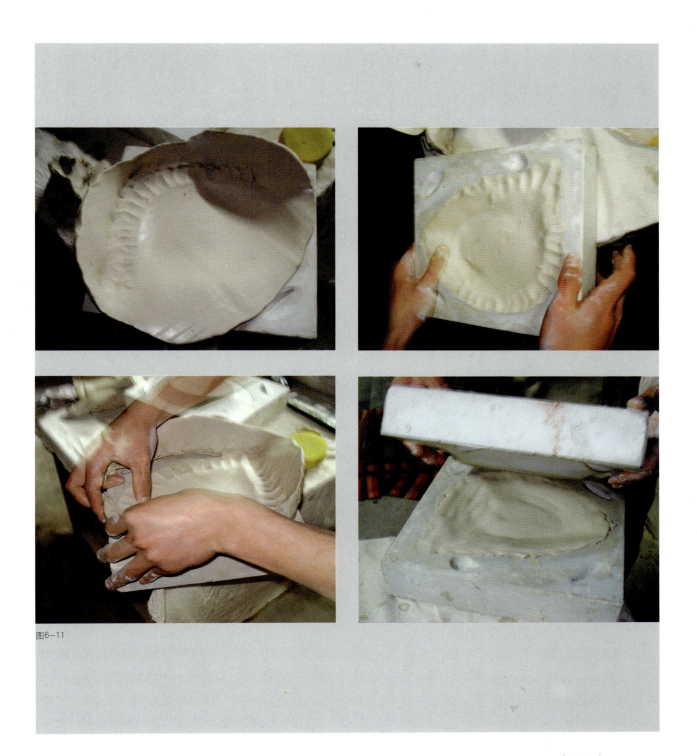

图6—11

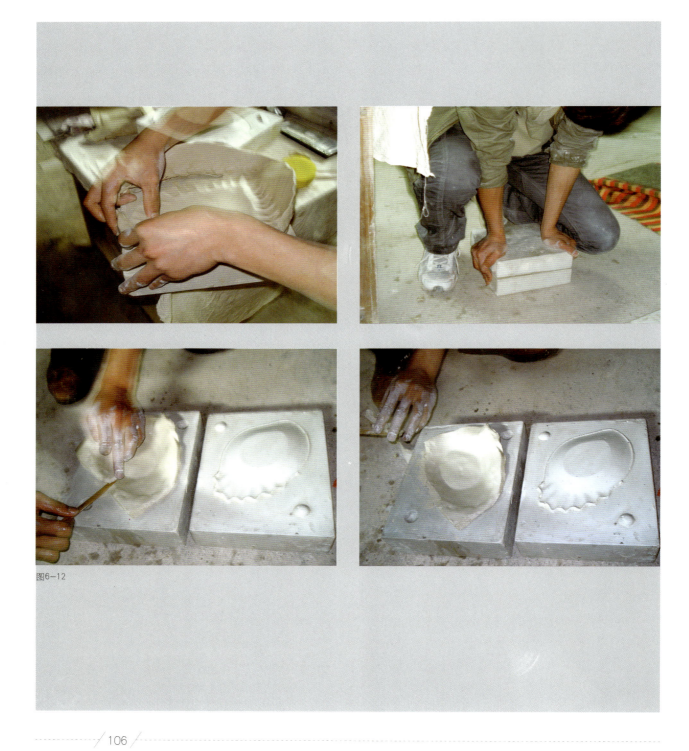

图6—12

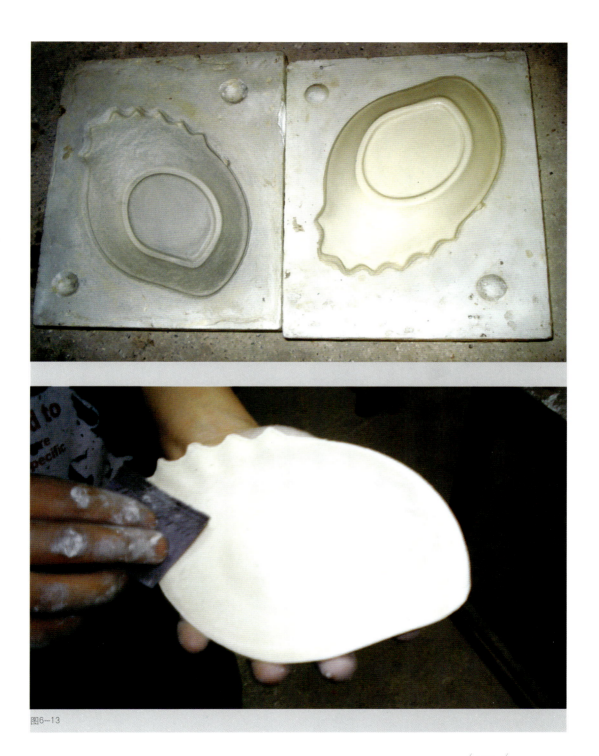

图6—13

图6—14

图6—15

产品坯体基本完成后，进行坯体的烧制工序，最后对产品的模型整体外观进行处理，为了保证最终的效果（如图6-15、图6-16）。

图6-16

模型阶段小结：不同的设计对象或者在设计的不同阶段，对模型的具体制作要求都是不尽相同的，有草模、精致模型、剖面模型以及测试模型等，较好的设计最终效果，常采用耐久性的材料、按照设计的等比例制作，各部分设计细节也会尽可能详细。

四、产品的设计全程序

（1）产品市场研讨；

（2）产品的概念设计提取创意；

（3）产品外观设计；

（4）产品形象设计（品牌形象、包装设计、说明书设计等）；

（5）产品推广设计（宣传设计、相关广告设计、网站设计等）。

[实训练习]

◎ 选择一项设计题目，根据设计主题选择适宜的材料和加工工艺。

◎ 审视一下自己的创意与材料和加工方式是否达到审美要求。

[复习参考题]

◎ 作为产品设计师如何处理好功能与审美的关系。

◎ 作为学生是否能做到选材适宜，加工方式得当。

◎ 如何才能更好的发挥自己的创造力。

后记 >>

人类社会不断进步，新的科技发展以及人们在新的时代下产生新的需求，必然对设计提出更多的要求。现代的设计不仅仅给人们设计美的产品，更重要的是设计的人人方便、舒适地使用的重要性。

对于设计者而言，要有敏锐的观察、分析和创造力，不断地发现问题，进而去解决问题，从而为人类不断创造一个和谐、美好的生活努力。正如爱因斯坦说的那样："提出一个问题往往比解决一个问题更为重要，因为解决问题也许仅是一个数学上或是实验上的技能而已，而提出的新问题，新的可能性，从新的角度去看旧的问题，却是创造性的想象力，而且标志着科学的真正进步。"

本教材系统地讲述了产品设计的发展脉络，从产品的调研、构思、实施设计、制作模型以及在设计过程中考虑的设计因素的理论知识点，并围绕以人为本的设计思想注重理论和实践相结合，本着遵循教学规律的原因，注重基础知识的掌握、专业知识的系统性和逻辑性。

本教材的出版要感谢为我们提供理论依据、图片等各种资源的参考书作者。感谢学生提供的优秀设计作品。在此还要说明因时间、学识有限，书中难免有不足之处，请读者、专家指正。

作者

2009年6月

参考书目 >>

[1] 吴翔《产品系统设计》[M] 中国轻工业出版社 2000

[2] 胡锦 曹孙玫 钟家珍《产品设计》[M] 湖北美术出版社 2007

[3] 何颂飞《工业设计》[M] 中国青年出版社 2007

[4] 王明旨《产品设计》[M] 中国美术学院出版社 1999

[5] 王受之《世界现代设计史》[M] 中国青年出版社 2002

[6] 朱迪恩·卡梅尔·亚瑟编著 颜芳译《包豪斯》[M] 中国轻工业出版社 2002

[7] 曹方 邬烈炎《现代设计》[M] 江苏美术出版社 2001

[8] 李宏 李为译《西方工业设计300年》[M] 吉林美术出版社 2003

[9] 郑建启《产品·建筑·环境模型制作》[M] 武汉理工大学出版社 2001

[10] 谢大康《产品模型制作》[M] 化学工业出版社 2003

[11] 兰玉琪《图解产品设计模型制作》[M] 中国建筑工业出版社 2007

[12] 柳沙《设计心理学》[M] 上海人民美术出版社 2009

[13] 梅尔·拜厄斯[美] 劳红娟译《50款椅子》[M] 中国轻工业出版社 2000

[14] 李砚祖《造物之美——产品设计的艺术与文化》[M] 中国人民大学出版社 2000

[15] 杜海滨 孙兵《设计与风格》[M] 辽宁美术出版社 2001

[16] 曾坚 朱立珊《北欧现代家具》[M] 中国轻工业出版社 2002

[17] 刘国余《产品基础形态设计》[M] 中国轻工业出版社 2001

[18] 杨明洁《设计实录：从慕尼黑到上海》[M] 北京理工大学出版社 2007

[19] 李雪如《工业设计&创意管理的24堂课》[M] 中国建筑工业出版社 2005

[20] 何颂飞 张娟《工业设计》[M] 中国青年出版社 2007

[21] 何颂飞 杜宝南《工业设计2》[M] 中国青年出版社 2007

[22] 刘和山《产品设计快速表现》[M] 国防工业出版社 2005

[23] 陈朝杰 尹航 杨汝全《设计表现基础与经典案例分析》[M] 中国电力出版社 2006

[24] I.R.I色彩研究所[韩]李明吉 安文哲 译《色彩设计师营销密码》[M] 人民邮电出版社 2005

[25] 罗挽澜 徐继峰 贺运《Photoshop Illustrator CorelDRAW商业产品设计》[M] 中国铁道出版社 2005

[26] 刘振生 史习平 马赛 张雷《设计表达》[M] 清华大学出版社 2005

[27] SKETCHING：DRAWING TECHNIQUES FOR PRODUCT DESIGNERS[M] 2007
    Koor Eissen，Roselien Steur and BIS Publishers

[28] PROCESS：50 PRODUCT DESIGNS FROM CONCEPT TO MANUFACTU [M] 2008
    JENNIFER HUDSON Laurence King Publishing Ltd

[29] 崔春京《影响现代家具形态设计的要素研究》[D] 山东轻工业学院 2008

[30] 魏小利《产品设计中的感性需求研究》[D] 山东轻工业学院 2008

[31] 余森林《智能化设计趋势在产品中的体现》[J] 安徽文学（下半月） 2008

[32] 左铁峰《产品模型与产品设计》[J] 装饰 2008